Jan-Christoph Koch

HIV-positiv - ein Todesurteil?

Die Bedeutung der HIV-Infektion in der Gesellschaft

GRIN Verlag

Bibliografische Information der Deutschen Nationalbibliothek:

Die Deutsche Bibliothek verzeichnet diese Publikation in der Deutschen Nationalbibliografie; detaillierte bibliografische Daten sind im Internet über http://dnb.d-nb.de/ abrufbar.

Impressum:

Druck und Bindung: Books on Demand GmbH, Norderstedt Germany
ISBN: 978-3-640-78470-7

Dieses Buch bei GRIN:

http://www.grin.com/de/e-book/160598/hiv-positiv-ein-todesurteil

HIV-positiv – ein Todesurteil ?

Die Bedeutung der HIV-Infektion in der Gesellschaft

Seminarfacharbeit im Fach:	Biologie
Schule:	Eichsfeld-Gymnasium Duderstadt
Vorgelegt von:	Jan-Christoph Koch

Brochthausen, 06.April 2010

Inhaltsverzeichnis

1 Einleitung

HIV. Fast jeder meint, dass es sich hierbei um ein Virus handelt, das den Tod bringen wird. Doch wissen die meisten gar nicht, was das HI-Virus eigentlich ist. Viele glauben es sei dasselbe wie AIDS und dass infizierte Menschen hochgradig ansteckend seien. Dies sind Vorurteile und Ängste, die das ohnehin schon schwer geschädigte und eingeschränkte Leben der HIV-Infizierten nur noch schwerer machen.

Meine Facharbeit schreibe ich deshalb im Fach Biologie. Sie behandelt das HI-Virus: wie es aufgebaut ist, wie es übertragen wird und wie HIV-positive Menschen leben. Mein Entschluss über dieses oft auch tabuisierte Thema zu schreiben, hat verschiedene Gründe. Zum einen interessiert mich dieses Virus, weil es trotz unserer immer weiter fortschreitenden technologischen Entwicklung noch nicht gänzlich erforscht ist und eine vollständige Heilung zurzeit immer noch nicht möglich ist. Zum anderen liegt der Schwerpunkt meiner Arbeit auf dem gesellschaftlichen Aspekt der HIV-Infektion. Da die Bevölkerung immer noch viel zu wenig über das Virus weiß, setzt sie sich so leichtsinnig Gefahren aus, die durch eine intensivere Auseinandersetzung mit dem Thema HIV/AIDS umgehen werden könnten. Weiter möchte ich den Umgang und die Akzeptanz der Gesellschaft gegenüber HIV-Positiven herausarbeiten.

Für die Seminararbeit habe ich daher den Titel *„HIV-positiv – ein Todesurteil ? Die Bedeutung der HIV-Infektion in der Gesellschaft"* gewählt. Dabei geht es nicht nur um den biologischen Aspekt. Auch der „gesellschaftliche Tod" durch Diskriminierung und Ausgrenzung soll hierbei untersucht werden. Hierbei weise ich auch auf die Präventionsarbeit der AIDS-Hilfen hin und inwieweit diese schon Erfolge aufzeigt. Durch eine Umfrage möchte ich die aufgestellte These erörtern und diese dann letztendlich bestätigen oder widerlegen.

2 HIV/AIDS

2.1 Begriffserklärungen

2.1.1 HIV[1]

HIV *(Human Immunodeficiency Virus)* ist ein Virus, welches zur Familie der Retroviren gehört und seine genetische Information in der DNA der Wirtszelle einbaut[2]. Ins Deutsche übersetzt bedeutet HIV so viel wie *Menschliches Immunschwäche Virus*. Unser Immunsystem hat die Aufgabe schädliche Erreger aller Art zu erkennen, aufzuspüren, sie zu vernichten und aus

---

[1] BZgA: *HIV / AIDS von A bis Z*, S.4f., S.7–9

[2] vgl. URL: http://www.hiv-info.de/index.jsp?nodeid=01_1 *(Stand: 14.03.10)*

dem Körper zu entfernen. Um Erreger zu zerstören, bildet das Immunsystem in der Regel Antikörper und Antigene, so auch gegenüber dem HI-Virus. Diese vernichten zwar über viele Jahre hinweg eine große Anzahl von Viren, allerdings schaffen sie es nicht HIV gänzlich zu zerstören und aus dem Körper zu entfernen. Nach einer jahrelangen Latenzphase ohne Krankheitsanzeichen, folgt das Stadium der allgemeinen Symptome und darauf dann die letzte Phase des schweren Immundefektes.

2.1.2 AIDS[3]

AIDS *(Acquired Immune Deficiency Syndrome)* wird durch das Virus HIV ausgelöst. Übersetzt bedeutet AIDS *Erworbenes Immundefektssyndrom* und bezeichnet das letzte Stadium einer HIV-Infektion, in dem das Immunsystem so stark geschädigt ist, dass sich bestimmte lebensbedrohliche opportunistischen Infektionen[4] und Tumoren entwickeln.

2.2 Ansteckungs- und Übertragungswege[5,6]

Das HI-Virus befindet sich in allen Körperflüssigkeiten eines infizierten Menschen. In den einen mehr, in den anderen weniger. Eine Übertragung des HI-Virus kann nur erfolgen, wenn zwei grundlegende Faktoren gegeben sind. Zuallererst muss eine infektiöse Flüssigkeit mit einer bestimmten Mindestmenge des Erregers vorhanden sein. Zu dieser zählen Blut, Sperma, Vaginalsekret sowie Muttermilch. Sie enthalten das Virus in hoher Konzentration. Die zweite Voraussetzung ist, dass eine Eintrittspforte besteht, die das Virus direkt in die Blutbahn der anderen Person transportiert. Dieses sind sowohl offene Wunden, aber auch Schleimhäute von Mund, Auge, After, Vagina und Penis. Durch Druck und Reibung kann eine Übertragung begünstigt werden.

Der ungeschützte Geschlechtsverkehr ist immer noch der Hauptübertragungsweg von HIV. Vor allem beim Analverkehr ist das Risiko besonders hoch, denn die empfindliche Darmschleimhaut kann schon bei kleinsten Verletzungen das Virus in den Körper des anderen transportieren. Auch der eindringende Partner hat ein Risiko. Durch kleine unsichtbare Verletzungen am Penis kann das Virus aufgenommen werden. Durch Immunzellen in der Schleimhaut von Vorhaut, Bändchen und Harnröhreneingang, aber auch

---

[3] BZgA: *HIV / AIDS von A bis Z,* S.4f., S.7–9

[4] opportunistische Infektion: Infektion, die durch geschwächte Verfassung des Immunsystems in Folge einer Primärerkrankung , entsteht.

[5] vgl. URL: http://www.aidshilfemainz.de/03_hiv/02_hiv_uebertragung.html *(Stand: 14.03.10)*

[6] BZgA: *HIV / AIDS von A bis Z,* S.11–17

durch den Flüssigkeitsfilm der Darmschleimhaut des empfangenden Partners besteht die Ansteckungsgefahr.

Auch beim Vaginalverkehr mit einer infizierten Person besteht ein hohes Risiko sich anzustecken. Die Frau kann durch kleinste Verletzungen an den Schleimhäuten, bzw. durch Reizungen und Schwellungen der Gebärmutter die infektiöse Samenflüssigkeit des Mannes aufnehmen. Umgekehrt besteht auch die Gefahr, dass sich der Mann an dem infektiösen Menstruationsblut oder Vaginalsekret infiziert.

Beim Oralverkehr ist die Gefahr im Vergleich zum vaginalen und analen Geschlechtsverkehr geringer. Durch den Speichel werden Viren schneller abgetötet. Liegen keinerlei Verletzungen im Mundraum vor, ist die Übertragungswahrscheinlichkeit minimal.

Ein weiterer Übertragungsweg ist die gemeinsame Benutzung von Spritzbesteck beim intravenösen Drogenkonsum. Durch Blutreste kann das Virus direkt in die Blutbahn übertragen werden, wodurch ein sehr hohes Ansteckungsrisiko entsteht.

Auch bei einer Geburt ist eine HIV-Infektion möglich. Ist die Mutter HIV-positiv, kann es durch Verletzungen, die durch die Weitung des Muttermundes entstehen, zu einer Infektion beim Neugeborenen kommen. Auch beim Stillen besteht durch die infektiöse Muttermilch Ansteckungsgefahr.

Das HI-Virus zählt jedoch zu den schwerübertragbaren Viren. Die Infektionsrisiken unterscheiden sich zum Teil (je nach Situation) enorm.[7] Von Bedeutung hierbei ist auch die Lebensführung und inwieweit Möglichkeiten zum Schutz zur Verfügung stehen.

2.3 Infektions- und Krankheitsverlauf[8,9,10,11,12,13]

Gelangt das HI-Virus (100-120nm groß) in den menschlichen Körper, erkennt es seine Wirtszelle, die CD4-Helferzelle[14]. Durch die Bindung des HI-Virus an das Protein CD4-Rezeptor wird der Eindringvorgang eingeleitet. Das Virus setzt die Stabilität der Membran der CD4-Helferzellen mit Hilfe von Glykoproteinen herab, sodass es durch den Vorgang der Endozytose in das Innere seines Wirts eindringt. Nachdem die Virushülle durch die saure Umgebung im Zellplasma aufgelöst wurde, erfolgt die Umschreibung der RNA des Virus mit

---

[7] vgl. Tabelle: Ansteckungsrisiko je nach Infektionsweg, (Anhang A)
8 vgl. URL: http://www.dr-bernhard-peter.de/Apotheke/HIV/hiv-vem.htm *(Stand: 14.03.10)*
[9] vgl. URL: http://www.sn.schule.de/~biologie/lernen/genetik/aids.html *(Stand: 14.03.10)*
[10] BZgA: *HIV / AIDS von A bis Z,* S.6–9
[11] vgl. URL: http://flexikon.doccheck.com/AIDS-related_complex *(Stand: 14.03.10)*
[12] vgl. URL: http://www.dr-bernhard-peter.de/Apotheke/HIV/hiv-ver.htm *(Stand: 14.03.10)*
[13] vgl. Grafik: Verlauf einer HIV-Infektion (Anhang B)
[14] CD4-Helferzelle: Sind die T-Helferzellen, die das Glykoprotein CD4 an der Oberfläche besitzen

Hilfe des im HI-Virus enthaltenen Enzyms reverse Transkriptase in einen DNA-Doppelstrang. Die DNA wird dann zu einem Ringmolekül umgewandelt und in den Zellkern des Wirts eingeschleust. Das vom Virus mitgeführte Enzym Integrase fügt einen Ausschnitt der DNA des HI-Virus in die DNA der CD4-Helferzelle ein. Durch den Zellstoffwechsel wird die DNA abgelesen und es werden RNA-Moleküle mit Hilfe der RNA-Polymerase (der Wirtszelle) aufgebaut, die identisch mit der HIV-RNA sind. Sie dienen als Grundlage für die weitere Virenproduktion. Durch die Falschcodierung der DNA der Wirtszelle produziert die CD4-Helferzelle nun Eiweiße; einerseits Strukturproteine für die äußere Form und andererseits Funktionsproteine, die wichtige Enzyme für das Viruspartikel herstellen (z.B. Integrase). Im folgenden Schritt kappt das Enzym Protease die Polypeptidketten auf die benötigte Länge. Die Komplettierung des HI-Virus erfolgt dann an der Membran. Die gebildeten Eiweiße sowie die HIV-RNA werden durch Ausstülpungen der Membran nun mit einer Lipiddoppelschicht umschlossen. In dieser Lipidschicht sind auch wieder die für die Andockung an neue Wirtszellen benötigten Glykoproteine enthalten. Diese wurden auch während des Vorgangs der Translation hergestellt. Nun ist ein neues umhülltes HI-Virus entstanden, das bereit ist neue CD4-Helferzellen zu infizieren.

Am Tag können rund 10 Milliarden neuer Viren produziert werden. Das HI-Virus ist aus verschiedenen Gründen so gefährlich für den menschlichen Körper. Zum einen schlagen die vom Körper produzierten Antikörper durch die hohe Veränderlichkeitsrate des HI-Virus nicht an. Außerdem bleibt das Virus in seiner Wirtszelle solange inaktiv, bis die CD4-Helferzelle aktiviert wird. Daher ist die vollständige Zerstörung des Virus durch eine medikamentöse Behandlung bis heute unmöglich. Durch die Einlagerung der RNA des HI-Virus in die DNA der CD4-Helferzellen, die die Bildung von T-Killerzellen und B-Lymphozyten steuern, erkennen die T-Killerzellen diese als infizierte bösartige Zelle und zerstören sie. Das Immunsystem zerstört sich sozusagen im Laufe der Zeit selbst.

Bei einer HIV-Infektion wird zwischen 4 Phasen unterschieden. Ungefähr 6 bis 8 Wochen nach der Infektion mit dem HI-Erreger treten grippeähnliche Symptome auf. Oft bleiben diese Krankheitsanzeichen unbeachtet, denn die Symptome verschwinden nach circa zwei Wochen wieder oder bleiben manchmal auch ganz aus. Wichtig: Direkt nach der Ansteckung mit dem Virus kann dies auf andere übertragen werden, auch, wenn die Symptome erst zwei Monate nach einer Infektion auftreten. Diese Phase ist durch die rasche Vermehrungsrate des Virus gekennzeichnet, sodass eine hohe Viruslast in den infektiösen Körperflüssigkeiten vorhanden ist. Aufgrund dieser Tatsache und auch weil die meisten Menschen ohne Wissen ihrer Infektion ungeschützten Sex praktizieren, ist die Ansteckungsgefahr in diesem Stadium besonders hoch. Diese erste Phase wird als *Akute Phase* bezeichnet.

Nun folgt die zweite, die symptomfreie Phase bzw. *Latenzphase. Diese* dauert durchschnittlich neun bis elf Jahre. Zu Beginn dieser Phase ist das Immunsystem noch stark genug und bildet immer mehr CD4-Helferzellen, sodass die Viruszahl zunächst abnimmt. Lange Zeit halten sich die Anzahl der CD4-Helferzllen und HI-Viren die Waage. Daher treten in diesem Stadium meistens keinerlei Beschwerden auf.

Die dritte Phase der HIV-Infektion wird als *ARC (Aids Related Complex)* bezeichnet. Durch die dauerhafte Nachproduktion von CD4-Helferzellen ist das Immunsystem erschöpft. Da das HI-Virus solange in seinem proviralen Zustand in der Wirtszelle bleibt bis diese aktiviert wird, ist ein ewiges Reservoire an HI-Viren gesichert. Die Viruslast steigt nun wieder an. In diesem Stadium treten die ähnlichen Krankheitssymptome wie in der Akuten Phase auf. Allerdings bilden sich diese nicht mehr zurück.

Vom vierten und letzten Stadium spricht man, wenn bestimmte Infektionen oder bösartige Tumoren beim HIV-infizierten bestehen (definiert nach der CDC-Klassifikation[15]). Es handelt sich hierbei um sogenannte opportunistische Infektionen, die in der Regel bei einem intakten funktionsfähigen Immunsystem harmlos sind bzw. in nicht so spezifischer Form auftreten. Durch die geringe Anzahl von T-Helferzellen (weniger als 200 pro µl; beim gesunden Menschen 1000 pro µl) können diese nun nicht mehr erfolgreich bekämpft werden und führen schließlich zum Tod. Diese letzte Phase der HIV-Infektion bezeichnet man als *AIDS*.

2.4 HIV-Test[16]

Eine HIV-Infektion kann man anfangs niemanden ansehen. Lediglich mit Hilfe von sogenannten HIV-Tests ist sie nachweisbar. Hierbei wird in Blut-, Speichel- und Urinproben nach dem Virus gesucht. Man unterscheidet zwischen zwei grundlegenden Testverfahren: dem HIV-Antikörpertest und dem direkten Virusnachweis.

---

[15] CDC = *Centers for Disease Control and Prevention*; CDC-Klassifikation: international anerkannteste und am weitesten verbreitete Definition von AIDS. HIV-Infektionen werden hiernach in drei Kategorien unterteilt, A bis C, wobei die Kategorie C die AIDS-definierten Erkrankungen beschreibt, vgl. URL: http://de.wikipedia.org/wiki/Aids *(Stand: 14.03.10)*

[16] vgl. URL: http://www.aidshilfemainz.de/03_hiv/05_hiv_test.html ***(Stand: 14.03.10)***

Der HIV-Antikörpertest sucht nach Abwehrstoffen, die der Körper gegen das HI-Virus gebildet hat. Dieser Test ist zweistufig aufgebaut. Als allererstes wird ein Suchtest, der sogenannte *ELISA (Enzym Linked Immuno Sorbent Assay)-Test* durchgeführt. Hierbei wird das Blutserum des Probanden in unterschiedliche Reagenzien, die HIV-Proteine enthalten, eingeträufelt. Hat der Körper nun Antikörper gegen HI-Viren produziert, kommt es zu einer Verbindung mit HIV-Proteinen und somit zu einer Verfärbung des Reagenzes. Zeigt der ELISA ein positives Ergebnis, muss aufgrund der hohen Sensitivität, aber niedrigen Spezifität, die tatsächliche HIV-Infektion durch den sogenannten *Western-Blot-Test* bestätigt werden. Im Falle einer HIV-Infektion hat der Körper Antikörper gegen HIV produziert und es kommt zu Verbindungen mit den HIV-Proteinen. Zeigt der Test eine Antikörperbildung gegen mindestens zwei unterschiedliche Virusproteine an, wird die Diagnose HIV-positiv gegeben[17]. Auf diese Weise kommt es zu einer Bestätigung oder Widerlegung des ELISA-Suchtests.

Der Antikörper-Test ist der am häufigsten verwendete Test. Seine einfache Handhabung und kostengünstige Anwendung sind vorteilhaft. Allerdings bilden sich Antikörper erst circa acht Wochen nach einer Infektion. Wird nach dem Zeitraum der diagnostischen Lücke[18] ein Test durchgeführt, beträgt die Wahrscheinlichkeit eines korrekten Testergebnisses 95%.

Die zweite Art eine HIV-Infektion zu bestätigen, ist der direkte Virusnachweis, den man auch als RT-PCR-Test bezeichnet. Dabei synthetisiert die reverse Transkriptase (RT) die virale RNA des HI-Virus in die cDNA und durch den Vorgang der PCR (Polymerase Chain Reaction) wird diese im Labor vervielfältigt. Aufgrund der hohen Viruskonzentration zu Anfang der HIV-Infektion kann der PCR-Test schon rund 15 Tagen nach einer möglichen Ansteckung durchgeführt werden. Dies ist von Vorteil, denn so können schon in der akuten Phase Maßnahmen zur Bekämpfung der Infektion vorgenommen werden. Außerdem beträgt die Spezifität des Tests 100% und gibt daher eine zuverlässige Auskunft über den Infektionsstatus.

Des Weiteren gibt es noch die Möglichkeit zu sogenannten Heimtests. Diese sind in Deutschland jedoch nicht zugelassen, sondern werden vor allem in den Dritte Welt Ländern aufgrund der schlechten medizinischen Versorgung verwendet.

---

[17] Anmerkung: lt. Empfehlung der *WHO (World Health Organization)*

[18] Diagnostische Lücke: bezeichnet den Zeitraum, der zwischen der Infektion und dem Zeitpunkt verstreicht, ab dem die Krankheit durch einen spezifischen Test sicher nachgewiesen werden kann.

Sogenannte HIV-Test können beim Hausarzt, in Krankenhäusern oder bei Gesundheitsämtern, vereinzelt auch in AIDS-Beratungsstellen durchgeführt werden.

3 Leben mit HIV

3.1 HIV-Therapie[19,20,21]

Eine HIV-Infektion kann man nicht heilen, sie ist lediglich behandelbar. Allerdings gibt es heute mehr als 25 Medikamente[22] gegen die Vermehrung des HI-Virus. Weitere sind in der Testphase und viele in der Forschung.

In der antiretroviralen Therapie (ART; oft auch: hoch aktive antiretrovirale Therapie = HAART), die es seit Mitte 1990 gibt, werden verschiedene Präparate verabreicht. Man nennt sie deshalb auch Kombinationstherapie. Die ART hat verschiedene Ziele. Zum einen soll sie das Fortschreiten der HIV-Infektion verlangsamen, indem sie die Bildung der Viren stoppt und diese unter die Nachweisgrenze drückt. Hierbei wird das Immunsystem entlastet und dieses kann so die Anzahl der CD4 Helferzellen rekultivieren. und somit den Tod durch den schweren Immundefekt AIDS verhindern. Außerdem will sie die Lebensqualität der Infizierten erheblich verbessern. Damit dies jedoch erreicht wird, muss eine konsequente lebenslange Einnahme von Medikamenten erfolgen. Bei einer einseitigen Monotherapie können sich Mutation des Virus und somit Resistenzen gegen bestimmte Wirkstoffe bilden, die dann nicht mehr wirksam gegen die Bekämpfung einsetzbar sind. Kombiniert werden durchschnittlich drei bis vier Medikamente, die jeweils aus einer anderen Wirkstoffklasse stammen und somit die Vermehrung des HI-Virus an verschiedenen Stellen hemmen. Diese verabreichten Medikamente haben aber in den ersten Wochen vermehrt Nebenwirkungen wie Appetitlosigkeit, Übelkeit, Durchfall und Schwindelgefühl. Durch die jahrelange Einnahme kommt es dann zu Langzeitnebenwirkungen (z.B. Stoffwechselstörungen wie Lipodystrophie[23], Diabetes, und Schädigung der Nerven).

3.2 Folgen für die Betroffenen[24]

HIV-positiv! Diese Diagnose löst wohl bei allen Betroffenen Ängste, offene Fragen, aber auch Wut und Verzweiflung aus. In Deutschland leben zurzeit ca. 67 000 Menschen[25] mit einer

[19] vgl. URL: http://www.praxis-prenzlauer-berg.de/pdf/HIV-Basics_at_Pluspunkt2006_opt.pdf *(Stand: 14.03.10)*
[20] vgl. URL: http://www.hivandmore.de/hiv_therapie/haart.shtml *(Stand: 14.03.10)*
[21] Deutsche Aids-Hilfe e.V.: *therapie?*, S.3f., S.13f., S.22f.
[22] vgl. Liste: Antiretrovirale Medikamente (Anhang C)
[23] Lipodystrophie: Störung der Fettverteilung, sodass das Gewebe in einzelnen Köperregionen zusammenfällt.
[24] Niedersächsisches Sozialministerium: *AIDS sieht man nicht*, S.12, S.36
[25] vgl. HIV/AIDS in Deutschland – Eckdaten (Anhang D)

HIV-Infektion. Zunächst ist für viele HIV gleich AIDS und damit gleich Tod, bevor sie erfahren, dass sie Dank der heutigen Medizin noch viele Jahre leben können. Fast schlimmer als die körperlichen Folgen, sind die psychischen. Vorurteile sind an der Tagesordnung, vor allem in den ländlichen Regionen. Hier geht man oft davon aus, dass HIV-Infektionen nur Homosexuelle und Drogenabhängige bekommen könnten. Außerdem werden die Betroffenen in der Öffentlichkeit oft ausgegrenzt, verlieren ihren Job und ihre Freunde.[26] Viele sind unsicher, ob sie von ihrer Infektion erzählen sollen, da sie Angst vor Ablehnung haben. Bei einer Verheimlichung fühlen sie sich unwohl und unehrlich. Auch beim Sex stellt sich die Frage, ob man die Infektion preisgibt und eine Abweisung riskiert oder ob man sie verheimlicht und ständig mit der Angst lebt den Partner anzustecken.[27] Allerdings sagen HIV-positive auch, dass sie durch ihre Infektion erst begonnen haben ihr Leben bewusster zu leben, es zu genießen und trotzdem Spaß am Leben haben.[28]

Der Umgang mit dem Virus hängt natürlich auch von jedem selbst ab. So spielen zum Beispiel das Umfeld, das Selbstbewusstsein und die Lebenseinstellung jedes Einzelnen eine wichtige Rolle.

3.3 AIDS-Hilfe[29]

Die AIDS-Hilfe macht es sich zur Aufgabe die HIV-Neuinfektionen durch Prävention zu vermindern. Hierbei setzen sie auf Wissensvermittlung, streben aber auch die Eigenverantwortung an, z. B. durch Entscheidung und Praktizieren von Safer Sex. Außerdem wollen sie Vorurteile gegenüber HIV-Positiven bekämpfen und zum solidarischen Umgang mit ihnen auffordern. Des Weiteren unterstützen sie HIV-Infizierte und helfen ihnen in schwierigen Lebenslagen.

4 HIV / AIDS in der Gesellschaft – Wissen, Umgang, Akzeptanz?!

4.1 Erläuterung der Umfrage

4.1.1 Ziel

Um den Wissenstand über HIV/AIDS und den Umgang bzw. die Akzeptanz gegenüber Positiven herauszuarbeiten, habe ich einen Fragebogen erstellt, in dem alle aufgestellten Thesen direkt bzw. indirekt abgefragt werden. Ein weiteres Ziel ist herauszubekommen, ob

---

[26] vgl. URL: http://www.center4all.de/mitglieder/aids/diskriminierung-wie.htm *(Stand: 14.03.10)*
[27] vgl. URL:http://www.br-online.de/ratgeber/gesundheit/aids-DID1195677109503545/hiv-aids-diskriminierung-ID1227812491009.xml *(Stand: 14.03.10)*
[28] Gerschwitz: *Endlich mal was Positives*, S.89f.
[29] vgl. URL: http://www.goettingen.aidshilfe.de/ *(Stand: 14.03.10)*

die Präventions- und Aufklärungsarbeit der AIDS-Hilfen und anderer Institutionen Wirkung zeigt und wie sich die Einstellungen der Menschen zu HIV/AIDS geändert hat. Hierfür werde ich die Auswertung in drei Alterskategorien unterteilen ($\leq$ 30 Jahre; 31-59 Jahre; $\geq$ 60 Jahre), diese dann schließlich vergleichen und Rückschlüsse daraus ziehen.

4.1.2 Aufbau[30]

Durch die enge Zusammenarbeit mit der Göttinger AIDS-Hilfe e.V. und dem Gesundheitsamt ist es mir möglich die anonyme Umfrage auf der *Göttinger Gesundheit 2010* [31] durchzuführen. Der Umfragebogen hat die Überschrift „Was wissen und denken Sie über HIV/Aids?“. Dieser Slogan ist kurz, prägnant und deutet von vornherein auf die Art der Fragen hin. Hieran schließt sich eine Einleitung mit Erläuterungen zur Umfrage und voraussichtlichem Zeitaufwand an. Am Anfang werden das Geschlecht, das Alter und eine persönliche Selbsteinschätzung zum Thema abgefragt. Danach splitten sich die Fragen in zwei Gebiete, in einem Wissensteil (Fragen 1-7) und einem Meinungsteil (Fragen 8-14). In dem ersten Abschnitt handelt es sich um einen Mix aus relativ einfachen bis hin zu spezielleren Fragen. Diese Mischung wurde bewusst gewählt, damit der Befragte auch ein Erfolgsgefühl aufgrund einer zu wissenden Antwort bekommt. Dieses soll der Motivation dienen den Fragebogen bis zum Ende auszufüllen. Der zweite Teil ist eine Art Meinungsbild der Befragten über HIV und AIDS in verschiedenen Lebenssituationen. In diesem Teil habe ich Aussagen vorformuliert. Die am besten zutreffende Antwort soll hier angekreuzt werden. Der Aufbau ist absichtlich so gestaltet, dass die Fragen von „außen“ immer mehr nach „innen“ gerichtet sind, d.h. während am Anfang noch Aussagen über die Öffentlichkeit und das Umfeld getroffen werden sollen, geht es gegen Ende des Fragebogens auf die persönliche Ebene des Befragten. So fühlt sich der Teilnehmer nicht gleich ausgefragt, denn es ist immer einfacher Aussagen über andere als über einen selbst zu treffen. Dann bedanke ich mich mit meinem Namen bei den Teilnehmern und führe die Berater und Unterstützer meiner Umfrage an. Abschließend gibt es für jeden Befragten noch „Give-Aways“ (Broschüren, Aufkleber, Kondome) und es steht eine Urne für den Umfragebogen bereit. Diese bestätigt die Anonymität und Geheimhaltung. Bei Interesse lege ich noch die richtigen Antworten aus Teil 1 vor.[32]

---

[30] vgl. Umfrage – Fragebogen (Anhang E.1)
[31] vgl. Verschiedenes – Bilder (Anhang F.1)
[32] vgl. Umfrage – Lösung der Fragen aus Teil 1 (Anhang E.2)

4.2 Auswertung *(Legende: Wert ist höher bzw. niedriger als der Durchschnittswert)*

	≤ 30 Jahre	31 – 59 Jahre	≥ 60 Jahre	Insgesamt: 211 Pers.
Anteil der Befragten	29,5%	56,2%	14,3%	100,0%
davon weiblich:	75,8%	72,0%	60,0%	71,6%
davon männlich:	24,2%	28,0%	40,0%	28,4%
Vorwegeinschätzung: *Wie gut kennen Sie sich mit dem Thema HIV/Aids aus?*	72,6% als gut bzw. sehr gut	66,7% als gut bzw. sehr gut	46,7% als gut bzw. sehr gut	65,7% als gut bzw. sehr gut
Alle Fragen aus Teil 1 richtig beantwortet	16,1%	22,0%	10,0%	18,5%
Teil 1				
1. Was ist AIDS? *(Schädigung Immunsystem)*	75,8 %	79,5%	69,0%	77,0%
2. Was bedeutet HIV-positiv? *(mit HIV angesteckt)*	95,2%	98,3%	90,0%	96,2%
3. Wie kann Virus übertragen werden? *(ungeschützter Geschlechtsverkehr)*	95,2%	86,4%	83,3%	88,6%
4. Wer hat ein Risiko sich mit HIV zu infizieren? *(Alle die ungeschützten Sex haben)*	80,7%	70,3%	53,3%	71,1%
5. Wie vor Ansteckung schützen? *(Kondom)*	96,8%	98,3%	100%	98,1%
6. Wie erkennbar, wenn mit HIV infiziert? *(nur HIV-Test gibt Auskunft)*	98,4%	93,2%	86,7%	93,8%
7. Behandlungsmöglichkeit bei HIV *(lebenslange Medikamteneinnahme kann Stadium Aids verhindern)*	27,9%	33,1%	23,3%	30,0%
Teil 2				
8. In meinem Umfeld . . .				
a) wird viel über HIV gesprochen.	6,6%	6,8%	16,7%	8,1%
b) wird gar nicht über HIV gesprochen.	31,2%	24,6%	30,0%	27,1%
c) wird gelegentlich über HIV gesprochen.	62,2%	68,6%	53,3%	64,8%
9. In der Öffentlichkeit . . .				
a) sollte mehr über HIV berichtet werden.	63,9%	64,4%	73,3%	65,7%
b) wird angemessen über das Thema berichtet.	36,1%	33,1%	23,3%	32,4%
c) wird zu viel über HIV berichtet.	0,0%	2,5%	3,4%	1,9%
10. Welche Bedeutung hat HIV in Ihren Leben?				
a) Kein Thema, weil ich zu keiner Risikogruppe gehöre bzw. wenig (oder keinen) Sex habe.	13,1%	14,5%	33,3%	16,8%

b) Ich lebe in einer festen und monogamen Partnerschaft und brauche mich deshalb nicht schützen.	24,6%	60,7%	36,7%	46,9%
c) Ich habe Angst mich mit dem Thema zu befassen.	1,6%	1,7%	0,0%	1,4%
d) Ich verwende beim Sex Kondome und spreche zu Beginn einer Partnerschaft über das HIV/Aids.	60,7%	23,1%	30,0%	34,9%
11. Stellen Sie sich vor ein/e Freund/in von Ihnen hätte sich mit HIV infiziert.				
a) Ich würde mit ihm/ihr so umgehen wie immer.	19,6%	26,5%	30,0%	24,9%
b) Ich habe Angst vor körperlichen Kontakten (z.B. Umarmungen).	3,3%	5,1%	3,3%	4,3%
c) Ich würde mit ihm/ihr darüber. sprechen und ihn/sie unterstützen.	73,8%	65,8%	53,4%	66,5%
d) Ich würde mich in seiner/ihrer Begleitung unwohl fühlen.	3,3%	2,6%	13,3%	4,3%
12. Wenn sich mein/e Lebenspartner/in mit HIV infiziert hätte, . . .				
a) wäre das für mich ein Trennungsgrund.	1,7%	4,2%	16,6%	5,8%
b) würde ich ihm/ihr beistehen und so gut es geht unterstützen.	52,5%	70,3%	66,7%	64,4%
c) wüsste ich noch nicht, ob ich die Partnerschaft weiterführen könnte	40,7%	20,3%	16,7%	25,5%
d) würde ich mit verpflichtet fühlen bei ihm/ihr zu bleiben.	5,1%	5,2%	0,0%	4,3%
13. Sie haben gerade erfahren, dass Sie HIV-positiv sind. Wem würden sie sich als Erstes anvertrauen?				
a) Ich hätte Angst mich jemandem anzuvertrauen.	5,0%	3,4%	13,8%	5,8%
b) Ich würde es zuerst Personen aus meinem Freundes- bzw. Familienkreis erzählen.	53,3%	33,3%	17,2%	36,7%
c) Ich würde mich zuerst an eine professionelle Beratungsstelle wenden.	13,3%	35,1%	31,0%	28,0%
d) Ich würde als Erstes einen Termin bei einem Arzt / einer Ärztin machen.	28,4%	28,2%	38,0%	29,5%
14. Eine Person, die außerhalb ihres privaten Umfelds über ihre HIV-Infektion spricht . . .				
a) wird meist unterschwellig benachteiligt.	18,6%	38,1%	43,3%	33,0%
b) wird häufig offen ausgegrenzt.	27,1%	38,1%	30,00%	33,5%
c) erhält oftmals Akzeptanz und Unterstützung.	22,0%	9,7%	10,0%	13,8%
d) wird größtenteils behandelt wie vorher.	32,2%	14,1%	16,7%	19,7%

4.2.1 Allgemein[33]

Insgesamt nahmen 211 Personen an der Umfrage teil. Darunter waren 71,6% Frauen. Das Durchschnittsalter der Befragten lag bei 41,5 Jahren, der älteste Teilnehmer war 74 und der jüngste 10 Jahre alt. Insgesamt hatten nur 18,48% alle Fragen aus dem Wissensteil richtig

---

[33] vgl. Umfrage – Grafische Auswertung – Allgemein (Anhang E.3.1)

beantworten können (70% Frauen, 30% Männer). Der hohe Anteil von Frauen, sowohl bei der Teilnahme als auch bei der Korrektheit der Antworten, kann dadurch begründet werden, dass Frauen generell mehr auf Ihre Gesundheit achten als Männer. [34] Bei der Vorwegeinschätzung gaben 71,7% der Männer an, dass sie sich gut bzw. sehr gut auskennen würden; bei den Frauen belief sich der Anteil auf 63,1%. Allerdings wusste das weibliche Geschlecht insgesamt besser Bescheid als das männliche. Hieran lässt sich erkennen, dass Frauen sich in der Regel schlecht selbsteinschätzen können, sich lieber unterschätzen als sich überzubewerten. Das männliche Geschlecht zeigt genau das umgekehrte Verhalten. Dies belegt auch der britische Psychologe Adrian Furnham[35] in einem seiner Tests.

Der größte Teil der Wissensfragen wurde mehrheitlich richtig beantwortet. Nur bei der Frage 7 entschieden sich lediglich 30% für die richtige Antwort. So zeigt sich, dass für viele HIV immer noch das tödliche Virus ist und das Krankheitsstadium AIDS nicht aufzuhalten sei.

Im zweiten Teil gab ein Großteil der Befragten an gelegentlich über das Thema HIV/AIDS zu sprechen, viele wünschten sich jedoch mehr Berichterstattung in der Öffentlichkeit. Bei der Frage nach der Bedeutung des HI-Virus für das eigene Leben meinten mehr als die Hälfte, dass sie sich nicht schützen bräuchten, weil sie entweder zu keiner Risikogruppe gehörten, wenig oder gar keinen Sex hätten oder in einer festen monogamen Partnerschaft lebten. Erfreulich ist auch, dass die Mehrheit eine infizierte Person (Lebenspartner oder Bekannten) unterstützen würde. Nur ein geringer Anteil hätte Angst vor einer Ansteckung. Bei den Fragen 10–12 kann man erkennen, dass die Teilnehmer mit einer guten bzw. sehr guten Vorwegeinschätzung weniger ängstlich an das Thema herantreten. Dieses Verhalten belegt die These, dass Wissen vor Angst schützt und so der Umgang mit dem Virus positiv beeinflusst wird. Wenn man selbst die Diagnose HIV-positiv bekäme, würden sich die Meisten zunächst der Familie oder dem Freundeskreis anvertrauen. Lediglich 5% behielte die Infektion für sich. Zu der Frage nach der Akzeptanz von HIV-Infizierten in der Gesellschaft meinten rund zwei Drittel, dass eine Infektion mit negativen Konsequenzen behaftet sei. Dieses zeigt, dass die meisten der Ansicht sind, dass HIV-Positive oft Vorurteilen in der Gesellschaft ausgesetzt seien und benachteiligt, ausgegrenzt bzw. unterdrückt werden würden. Auffällig ist, dass die letzten Fragen immer häufiger nicht beantwortet wurden.

---

[34] vgl. URL: http://www.therapie-weissenboeck.at/fachartikel/gesundheit.php *(Stand: 28.03.10)*

[35] vgl. URL: http://www.telegraph.co.uk/science/science-news/3321841/Men-think-theyre-cleverer-claims-psychologist.html *(Stand: 28.03.10)*

Dieses hat den Grund, dass die Fragen immer persönlicher und spezifischer werden und für viele die Situationen nicht vorstellbar sind bzw. die Befragten diese verdrängen.

4.2.2 Altersspezifisch[36]

4.2.2.1 Alter: ≤ 30 Jahre

Aus diesem Alterssegment stammten 29,5% der Befragten. Sie schätzten sich vorweg überdurchschnittlich als sehr gut bzw. gut ein. Allerdings beantworteten nur 16,1% alle Fragen richtig. Dies liegt somit unter dem Durchschnitt.

Im Wissensteil fiel auf, dass die junge Altersgruppe besser über Übertragungswege und Symptome einer HIV-Infektion Bescheid weiß. Ihnen ist auch bewusster, dass alle Menschen sich mit dem HI-Virus infizieren könnten. Überraschend ist aber die überdurchschnittliche Ansicht, dass bei einer HIV-Infektion das Stadium AIDS nicht aufzuhalten sei.

Im Meinungsteil gab die Mehrheit an, sie würden beim Sex Kondome verwenden und zu Beginn einer Partnerschaft über das Thema HIV/AIDS sprechen. Dieses ist auch wichtig, da diese Altersgruppe häufiger Sexualpartner wechselt und sich noch nicht so oft fest bindet. Dieses Verhalten konnte man auch an den Ergebnissen der Frage 12 beobachten. Während ein Viertel der Gesamtheit aller Befragten nicht wüsste, ob sie mit einem HIV-positiven Partner zusammenbleiben würde, ist der Wert in diesem Alterssegment erheblich höher. Bei Frage 14 waren überdurchschnittlich viele der Meinung, dass eine HIV-Infektion keinerlei Konsequenzen mit sich brächte und HIV-Positive auf Unterstützung und Akzeptanz zählen könnten. Diese erheblichen Abweichungen lassen sich dadurch begründen, dass die Aufklärungs- und Präventionsarbeit Wirkung zeigt und sich Jugendliche und junge Erwachsene einfach besser in Übertragungswege auskennen und so Risikosituationen besser einstufen können. Für diese Gruppe kommt eine Benachteiligung und Ausgrenzung von HIV-Positiven daher weniger in Frage und das Virus wird im alltäglichen Leben als völlig ungefährlich betrachtet.

4.2.2.2 Alter: 31 – 59 Jahre

Aus dieser Altersklasse wurden 56,2% befragt. Von Ihnen schätzen sich 66,7% vorweg als sehr gut bzw. gut ein. Insgesamt konnten 22% alle Wissensfragen aus Teil 1 richtig beantworten. Beide Werte liegen leicht über dem Durchschnitt.

In dem Wissensteil zeigte sich, dass diese Altersgruppe sich vorwiegend damit auskennt, was AIDS überhaupt ist. Dieses hat wahrscheinlich die Ursache, dass zu Beginn der

---

[36] vgl. Umfrage – Grafische Auswertung – Altersspezifisch (Anhang E.3.2)

Aufklärungsarbeit in den 80er Jahren überwiegend der Begriff AIDS genannt wurde („Gib AIDS keine Chance!" BZgA aus dem Jahre 1987), denn damals führte eine HIV Infektion aufgrund der fehlenden Medikamente zum Tod. Heute ist dies anders. Die AIDS-Hilfen sprechen daher bei ihrer Aufklärungsarbeit nun mehr von HIV. Im restlichen Wissensteil zeigte sich, dass diese Gruppe noch Vorurteile gegenüber HIV-Infizierten besitzt. So stammen 80%, die das Risiko für eine HIV-Infektion ausschließlich bei homosexuellen Männern sehen, aus diesem Alterssegment.

Im Teil 2 des Umfragebogens fiel ins Auge, dass rund drei Viertel der Befragten sich nicht schützen würden, weil sie entweder in einer monogamen Partnerschaft lebten oder weil für sie HIV/AIDS kein Thema sei. Dies ist mit gemischten Gefühlen zu betrachten. Zwar haben die Personen aus diesem Alterssegment in der Regel weniger wechselnde Sexualpartner und eine strengmonogame Partnerschaft schützt auch gegen eine HIV-Infektion, allerdings weiß man nie, ob dies auch der Wahrheit entspricht. Für den Fall, dass sich der Lebenspartner infiziert hätte, wären 70,3% bereit diesen zu unterstützen und ihm beizustehen. Im Vergleich zur Altersgruppe 0 – 30 Jahre waren dies rund 20% mehr. Ein krasser Gegensatz zu den anderen Altersklassen zeigte auch die Beantwortung der 14. Frage. Über drei Viertel der Befragten meinten, dass HIV-Positive meist unterschwellig benachteiligt und häufig offen ausgegrenzt werden würden. Ein Grund hierfür könnte die Veränderung in der Präventionsarbeit sein. In den 70er und 80er Jahren galt eine HIV-Infektion als Todesurteil, denn das Krankheitsstadium AIDS war nicht aufzuhalten. Heute ist dies glücklicherweise nicht mehr so.

4.2.2.3 Alter: ≥60 Jahre

Aus dieser Kategorie hatten 14,3% einen Fragebogen ausgefüllt. Im Vergleich zum Durchschnitt schätzten sich die Befragten eher schlechter ein. Außerdem stammten 75% der Personen, die angaben, sie würden sich gar nicht mit dem Thema HIV/AIDS auskennen, aus diesem Alterssegment.

Bei allen Wissensfragen schnitt diese Altersgruppe unterdurchschnittlich ab. Dieses bestätigt auch die Tatsache, dass nur 10% den Wissensteil richtig beantworten konnten. Die Gründe hierfür liegen sicher darin, dass vor 60 Jahren noch keinerlei Aufklärungsarbeit betrieben wurde. Auffallend ist jedoch, dass alle Teilnehmer bei den Schutzmöglichkeiten das Kondom angaben. Eine Erklärung dafür könnte sein, dass diese Generation als Verhütungsmittel vorwiegend nur das Kondom kennt.

In dem Meinungsteil fällt die Unsicherheit der Befragten auf, denn über 70% wünschten sich mehr Berichterstattung über das Thema in der Öffentlichkeit. Unübersehbar ist auch, dass diese Befragten erhöhte Angst vor HIV-Infizierten haben. Überdurchschnittlich viele fühlten sich unwohl in deren Begleitung und würden sich sogar von ihren positiven Partnern trennen. Falls man selbst die Diagnose HIV-positiv bekäme, würden diese 13,4% lieber für sich behalten. Der Großteil würde sich zuerst an einem Arzt bzw. an Mitarbeitern von professionellen Beratungsstellen wenden. Bei der Frage, welche Folgen eine HIV-positive Person in der Öffentlichkeit ertragen muss, meinten 73,3%, dass sie unterschwellig benachteiligt und offen ausgegrenzt würden. Die Tatsache, dass diese Altersgruppe die Infektion eher für sich behalten würde und dass ihrer Ansicht nach HIV-positive Menschen häufig unterdrückt und ausgegrenzt werden, zeigt, dass es für diese Altersgruppen noch keine Aufklärungskampagnen gab. Sie gehen ängstlicher mit dem Thema um, wissen weniger und haben auch noch viele Vorurteile gegenüber HIV-Infizierten und AIDS-Kranken.

5 Fazit

Nach der intensiven Beschäftigung mit dem Thema HIV und aufgrund der Auswertung der Umfrage komme ich zu dem Schluss, dass die Fragestellung *HIV-positiv – ein Todesurteil?* unterschiedlich beantwortet werden muss. In Bezug auf den biologischen Aspekt ist eine HIV-Infektion, entgegen der immer noch weitverbreiteten Meinung, nicht mehr einem Todesurteil gleichzusetzen, denn durch konsequente Therapien und Medikamenteneinnahmen kann man das Krankheitsstadium AIDS heute sogar verhindern und die Lebensqualität der HIV-Positiven erheblich verbessern. Auch die Diskriminierung und Ausgrenzung von Infizierten in der Öffentlichkeit nimmt immer mehr ab. Zwar sind vor allem bei der älteren Altersgruppe noch Vorurteile vorhanden. Durch die vermehrte Aufklärungs- und Präventionsarbeit von verschiedenen Institutionen seit den 80er Jahren gibt es bei der jüngeren Generation nahezu keine Voreingenommenheit mehr und HIV-Positive werden im Alltag wie gesunde Personen behandelt. Diese Entwicklung zeigt, dass die Kampagnen gegen HIV und AIDS etwas bewirken, denn die Bevölkerung weiß immer mehr über das Thema und fühlt sich sicherer im Umgang mit Infizierten. Präventions- und Aufklärungsarbeit ist also der richtige Ansatz zum Schutz gegen das HI-Virus und somit zur Senkung der Neuinfektionen. Des Weiteren sind sie für die Akzeptanz und Unterstützung von HIV-Infizierten sehr wichtig und daher heute nicht mehr wegzudenken.

6 Literatur- und Quellenverzeichnis

Literatur:

BZgA (Bundeszentrale für gesundheitliche Aufklärung) / Deutsche AIDS-Hilfe e.V.:
HIV / AIDS von A bis Z, Heutiger Wissensstand. Neef + Stumme, Wittingen 2008

Deutsche AIDS-Hilfe e.V.:
therapie?, Basisinformationen zur Behandlung der HIV-Infektion. 3., aktualisierte Auflage, 2008. Druckerei Conrad, Berlin 2006

Gerschwitz, Matthias:
Endlich mal was Positives, offensiv & optimistisch: Mein Umgang mit HIV. Books on Demand GmbH, Norderstedt 2009

Niedersächsisches Sozialministerium / u.a.:
AIDS sieht man nicht, Fotos und Texte von Menschen mit HIV und AIDS in Niedersachsen, Dokumentation zur Fotoausstellung von Heinrich Hecht. Hannover 1996

Quellen:

Aids-Hilfe Mainz: „HIV und Aids – Der HIV-Antikörper-Test"
URL: http://www.aidshilfemainz.de/03_hiv/05_hiv_test.html *(Stand: 14.03.10)*

Aids-Hilfe Mainz: „HIV und Aids – Übertragungswege"
URL: http://www.aidshilfemainz.de/03_hiv/02_hiv_uebertragung.html *(Stand: 14.03.10)*

Bayerischer Rundfunk: „AIDS – Diskriminierung wegen HIV"
URL: http://www.br-online.de/ratgeber/gesundheit/aids-DID1195677109503545/hiv-aids-diskriminierung-ID1227812491009.xml *(Stand: 14.03.10)*

Centers for Disease Control and Prevention: „Estimated per-act risk for acquisition of HIV" (siehe Anhang A)

Deutsche AIDS-Hilfe e.V.: „Antiretrovirale Medikamente" (siehe Anhang C)

DocCheck Medical Services GmbH: „AIDS-related complex"
URL: http://flexikon.doccheck.com/AIDS-related_complex *(Stand: 14.03.10)*

Dr. Bernhard, Peter: „Der Vermehrungszyklus von HIV"
URL: http://www.dr-bernhard-peter.de/Apotheke/HIV/hiv-vem.htm *(Stand: 14.03.10)*

Dr. Bernhard, Peter: „HIV und AIDS: Wie verläuft eine Infektion an HIV?"
URL: http://www.dr-bernhard-peter.de/Apotheke/HIV/hiv-ver.htm *(Stand: 14.03.10)*

Dr. Glaunsinger, Tobias: „Basiswissen zu HIV & Aids"
URL: http://www.praxis-prenzlauer-berg.de/pdf/HIV-Basics_at_Pluspunkt2006_opt.pdf *(Stand: 14.03.10)*

Dr. Pauli, Ramona: „HAART (hochaktive antiretrovirale Therapie)"
URL: http://www.hivandmore.de/hiv_therapie/haart.shtml *(Stand: 14.03.10)*

Dr. Scheibenreif, Claudia: „Unterschiedliches Gesundheitsbewusstsein"
URL: http://www.therapie-weissenboeck.at/fachartikel/gesundheit.php *(Stand: 28.03.10)*

Göttinger AIDS-Hilfe e.V.: „begegnen bewegen bestärken"
URL: http://www.goettingen.aidshilfe.de/ *(Stand: 14.03.10)*

NetDoktor.de: „Immunsystem"
URL: http://www.netdoktor.de/Diagnostik+Behandlungen/Laborwerte/Immunsystem-1285.html *(Stand: 14.03.10)*

Robert Koch-Institut: „HIV/AIDS in Deutschland – Eckdaten" (siehe Anhang D)

Sächsische Bildungsinstitut: „Retroviren – HIV"
URL: http://www.sn.schule.de/~biologie/lernen/genetik/aids.html *(Stand: 14.03.10)*
Telegraph Media Group: „Men think they're cleverer, claims psychologist"

URL: http://www.telegraph.co.uk/science/science-news/3321841/Men-think-theyre-cleverer-claims-psychologist.html (Stand: 28.03.10)

ViiV Healthcare GmbH: „Der HI-Virus"
URL: http://www.hiv-info.de/index.jsp?nodeid=01_1 *(Stand: 14.03.10)*

Wikimedia Foundation Inc.: „Aids"
URL: http://de.wikipedia.org/wiki/Aids *(Stand: 14.03.10)*

Wikimedia Foundation Inc.: „Verlauf einer HIV-Infektion" (siehe Anhang B)

Wilken, Andreas: „Diskriminierung HIV-Infizierter: Möglichkeiten"
URL: http://www.center4all.de/mitglieder/aids/diskriminierung-wie.htm *(Stand: 14.03.10)*

7 Anhang

A Tabelle: Ansteckungsrisiko je nach Infektionsweg

TABLE 1. Estimated per-act risk for acquisition of HIV, by exposure route*

Exposure route	Risk per 10,000 exposures to an infected source	Reference
Blood transfusion	9,000	74
Needle-sharing injection-drug use	67	75
Receptive anal intercourse	50	76, 77
Percutaneous needle stick	30	78
Receptive penile-vaginal intercourse	10	76, 77, 79
Insertive anal intercourse	6.5	76, 77
Insertive penile-vaginal intercourse	5	76, 77
Receptive oral intercourse	1	77†
Insertive oral intercourse	0.5	77†

* Estimates of risk for transmission from sexual exposures assume no condom use.
† Source refers to oral intercourse performed on a man.

Quelle: Centers for Disease Control and Prevention (CDC)
URL: http://www.cdc.gov/mmwr/preview/mmwrhtml/figures/r402a1t1.gif

B Grafik: Verlauf einer HV-Infektion

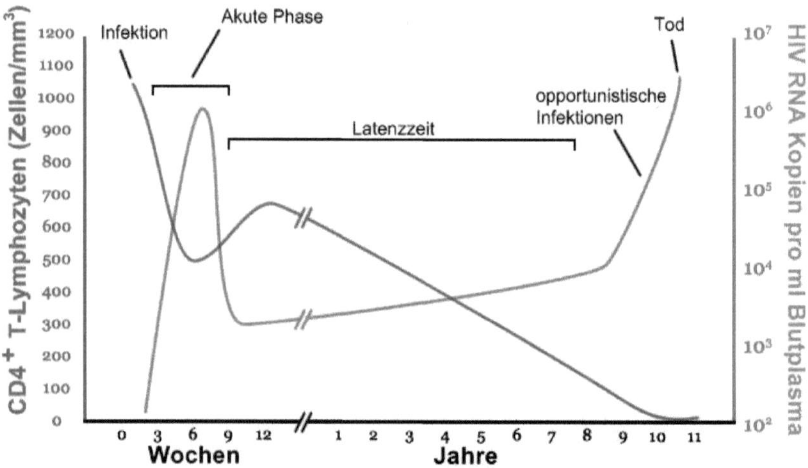

Quelle: *Wikimedia Foundation Inc.: „AIDS"*

URL: http://upload.wikimedia.org/wikipedia/commons/f/ff/Verlauf_einer_HIV-Infektion.png

C Liste: Antiretrovirale Medikamente

Deutsche AIDS-Hilfe e.V.

Antiretrovirale Medikamente

Stand Februar 2010

Was ist neu?

- Februar 2010: Norvir® (Ritonavir) wird in Europa auch in der Formulierung als Tablette zugelassen. Im Gegensatz zur Kapsel muss die Tablette nicht mehr gekühlt werden.

Handelsname	Wirkstoff	Abk	Nebenwirkungen[1]	Besonderheiten	Formulierung	Mit oder ohne Nahrung?	Einnahme/ Tag	Therapiebeginn[2]
Nukleosidanaloge/ Nukleotidanaloge Reverse-Transkriptase-Inhibitoren NRTI								
Emtriva®	Emtricitabin	FTC	kaum Nebenwirkungen	Wirkt auch gegen chronische Hepatitis B	Kapsel Saft	-	1x	1. Wahl
Epivir®	Lamivudin	3TC	kaum Nebenwirkungen	Wirkt auch gegen chronische Hepatitis B.	Tablette Saft	-	1x 2x	1. Wahl
Retrovir®	Zidovudin	AZT	**Lipoatrophie**[3], **Blutarmut**, Schwindel, Übelkeit, Fettleber, Muskelschmerzen, Pigmentierung der Nägel, Fettstoffwechselstörung, *Laktatazidose*[4]	In Industrieländern zurückhaltend eingesetzt (ungünstiges Nebenwirkungsprofil). Als Infusionslösung ggf. bei Geburt und für Säuglinge	Kapsel Saft, Infusionslösung	-	2x	2. Wahl
Videx®	Didanosin	ddI	**Polyneuropathie (Nervenschäden),** Fettleber und Leberfibrose (bindegewebiger Umbau), *Pankreatitis*[5], *Laktatazidose*[4], *erhöhtes Herz-Kreislauf-Erkrankungs-Risiko, Leberschaden (portaler Hochdruck)*	In Industrieländern nur noch selten eingesetzt (ungünstiges Nebenwirkungsprofil)	Kapsel Saft (Pulver)	nüchtern	1x oder 2x	2. Wahl
Viread®	Tenofovir	TDF	Verminderter Knochenaufbau, *Nierenschädigung*	Nierenfunktion vor Beginn und während der Therapie kontrollieren. Wirkt auch gegen chronische Hepatitis B.	Tablette	mit Essen	1x	1. Wahl
Zerit®	Stavudin	d4T	**Fettleber, Polyneuropathie (Nervenschäden), Lipoatrophie**[3], **Fettstoffwechselstörung,** *Pankreatitis*[5], *Laktatazidose*[4]	In Industrieländern nur noch selten eingesetzt (ungünstiges Nebenwirkungsprofil)	Kapsel Saft (Pulver)	1 Stunde vor dem Essen	1x oder 2x	nein
Ziagen®	Abacavir	ABC	*Hypersensitivitätsreaktion (HSR) mit Fieber und Hautausschlag und Atembeschwerden; erhöhtes Herz-Kreislauf-Erkrankungs-Risiko*	Vor Einsatz des Medikaments wird mit einem Test geprüft, ob eine genetische Veranlagung für eine Hypersensitivitätsreaktion besteht - dann wird Ziagen nicht verordnet.	Tablette Saft	-	1x oder 2x	1. Wahl

Handelsname	Wirkstoff	Abk	Nebenwirkungen[1]	Besonderheiten	Formulierung	Mit oder ohne Nahrung?	Einnahme/ Tag	Therapiebeginn[2]
Nicht-Nukleosidale Reverse-Transkriptase-Inhibitoren NNRTI								
Intelence®	Etravirin	ETV	*Hautausschlag* Neu auf dem Markt, daher bisher nur begrenzt Nebenwirkungen bekannt.	Nur in Kombination mit geboostetem (s.u. bei „Norvir") Proteaseinhibitor. Nicht zusammen mit TPV, FPV, ATV	Tablette	mit Essen	2x	nein
Sustiva® (Deutschland) Stocrin® (Österreich und Schweiz)	Efavirenz	EFV	**Schwindel, Schlafstörung (lebhafte Träume), Fettstoffwechselstörung**, Depression, erhöhte Suizidneigung, Hautausschlag, Leberschädigung (Hepatitis), Gynäkomastie, Teratogenese (Fehlbildung beim Embryo)	Kann falsch-positive Ergebnisse bei Cannabinoid-Suchtests (Drogenscreening z.B. im Straßenverkehr) hervorrufen. Nicht einsetzen bei Frauen mit Kinderwunsch und bei Schwangeren	Kapsel Saft (Pulver)	nüchtern	1x	1. Wahl
Viramune®	Nevirapin	NVP	*Hautausschlag, Leberschädigung (Hepatitis)*	Bei Männern mit mehr als 400 Helferzellen/µl und bei Frauen mit mehr als 250 Helferzellen/µl bei Therapiebeginn erhöhte Gefahr von Leberschädigungen.	Tablette Saft	-	1x oder 2x	1. Wahl
Protease-Inhibitoren PI								
Aptivus®	Tipranavir	TPV	**Fettstoffwechselstörungen,** Durchfall, Übelkeit, *Leberschädigung (Hepatitis), Gehirnblutung*	Nur in Kombination mit Ritonavir als Booster	Kapsel	mit Essen	2x	nein
Crixivan®	Indinavir	IDV	**Fettstoffwechselstörungen, Fettanreicherung im Bauchraum, Nierensteine, trockene Haut,** Durchfall, Übelkeit Gelbsucht, Diabetes mellitus, Störung des Nagelwachstums, *erhöhtes Herz-Kreislauf-Erkrankungs-Risiko*	In Industrieländern praktisch nicht mehr eingesetzt (ungünstiges Nebenwirkungsprofil). Als zweimal-Gabe nur mit Ritonavir als Booster. Viel Flüssigkeit trinken!	Kapsel	nüchtern oder mit fettarmer Nahrung	2x oder 3x	nein
Invirase®	Saquinavir	SQV	Fettstoffwechselstörungen, Durchfall, Übelkeit	Nur in Kombination mit Ritonavir. Nur mit zweimal tägl. Einnahme zur Ersttherapie empfohlen, sonst nur als Alternative	Kapsel	Mit oder nach Essen	1x oder 2x	2. Wahl oder 1. Wahl
Kaletra® Aluvia ™ (Entwicklungsländer)	Lopinavir Ritonavir	LPV	**Fettstoffwechselstörungen,** Durchfall, Übelkeit, *erhöhtes Herz-Kreislauf-Erkrankungs-Risiko*	Enthält Ritonavir als Booster (s.u.).	Tablette Saft	-	1x oder 2x	1. Wahl
Prezista®	Darunavir	DRV	Fettstoffwechselstörungen, Durchfall, Übelkeit. Neu auf dem Markt, daher bisher nur begrenzt Nebenwirkungen bekannt	Nur in Kombination mit Ritonavir als booster.	Tablette	mit Essen	2x	1. Wahl
Reyataz®	Atazanavir	ATV	Fettstoffwechselstörungen, Durchfall, Übelkeit, Erhöhung des Gallenfarbstoffs (Bilirubin) im Blut mit Gelbfärbung der weißen Augenhaut (Sklera = Lederhaut), Nierensteine	In Europa – anders als in den USA – nur in Kombination mit Ritonavir als Booster zugelassen.	Kapsel	mit Essen	1x	1. Wahl
Telzir® (Europa) Lexiva™ (USA)	Fosamprenavir	FPV	**Fettstoffwechselstörungen**, Durchfall, Übelkeit, Hautausschlag, *erhöhtes Herz-Kreislauf-Erkrankungs-Risiko*	Nur in Kombination mit Ritonavir als Booster zugelassen. Einnahme der Tablette unabhängig von Mahlzeiten, des Safts auf nüchternen Magen.	Tablette Saft	-	2x	2. Wahl

Handelsname	Wirkstoff	Abk	Nebenwirkungen[1]	Besonderheiten	Formulierung	Mit oder ohne Nahrung?	Einnahme/Tag	Therapiebeginn[2]
Viracept®	Nelfinavir	NFV	Fettstoffwechselstörungen, Durchfall, Übelkeit	In Europa einziger Proteaseinhibitor, der ohne Boosterung durch Norvir® (Ritonavir) eingesetzt werden kann. Hohe Tablettenzahl pro Tag. Nur noch wenig verwendet.	Tablette	mit Essen	2x	nein
Entry-Inhibitoren								
Fuzeon®	Enfuvirtide	ENF	Verhärtungen an der Einstichstelle mit erhöhter Empfindlichkeit (Hypersensitivität), erhöhtes Risiko für Lungenentzündungen	Fusionsinhibitor. Bekannt auch als T20. Medikament wird unter die Haut (subcutan) gespritzt	Pulver, Lösungsmittel	-	2x	nein
Celsentri® Selzentry™ (USA)	Maraviroc	MVC	Hepatitis mit Erhöhung der Leberwerte, erhöhtes Risiko für Infektionen, *erhöhtes Herz-Kreislauf-Erkrankungs-Risiko* Neu auf dem Markt, daher bisher nur begrenzt Nebenwirkungen bekannt	Blockt den CCR5-Korezeptor. Einsatz nur beim Nachweis von Viren, die über den CCR5- und nicht über den CXCR4-Rezeptor in die Zelle eintreten; vor Einsatz ist ein Tropismus-Test (Blutabnahme) erforderlich. Nur in den USA, (noch) nicht in Europa für die Ersttherapie zugelassen.	Tablette	-	2x	nein
Integrase-Inhibitoren								
Isentress®	Raltegravir	RAL	Übelkeit, Muskelschmerzen, Kopfschmerzen. Neu auf dem Markt, daher bisher nur begrenzt Nebenwirkungen bekannt.		Tablette	-	2x	2. Wahl
Kombinationspräparate								
Atripla®	Tenofovir Emtricitabin Efavirenz	TDF **FTC** EFV	siehe Einzelsubstanzen		Tablette	nüchtern, abends	1x	nein
Combivir®	Lamivudin Zidovudin	3TC AZT	siehe Einzelsubstanzen		Tablette	-	2x	2. Wahl
Kivexa® (Europa) Epzicom™ (USA)	Lamivudin Abacavir	3TC ABC	siehe Einzelsubstanzen		Tablette	-		1. Wahl
Trizivir®	Lamivudin Zidovudin Abacavir	3TC AZT ABC	siehe Einzelsubstanzen		Tablette	-	2x	nein
Truvada®	Tenofovir Emtricitabin	TDF FTC	siehe Einzelsubstanzen		Tablette	mit Essen	1x	1. Wahl

Handelsname	Wirkstoff	Abk	Nebenwirkungen[1]	Besonderheiten	Formulierung	Mit oder ohne Nahrung?	Einnahme/Tag	Therapiebeginn[2]
Booster (Wirkverstärker für antiretrovirale Medikamente)								
Norvir®	Ritonavir	RTV	Übelkeit, Erbrechen, Durchfall. In niedriger Dosierung (boosting) nur wenig Nebenwirkungen. Allerdings durch Blockierung des Leberenzyms zahlreiche Wechselwirkungen mit anderen Medikamenten.	Proteaseinhibitor. Blockt ein Leberenzym, das Medikamente abbaut (CYP 3A4). Wird nur noch in niedriger Dosierung (100 oder 200mg) zur Verstärkung (boosting) anderer Proteaseinhibitoren eingesetzt. Zählt in der Kombinationstherapie nicht als eigenes Medikament. Tablette muss -im Gegensatz zur Kapsel- nicht mehr gekühlt werden.	Tablette (bis 2010 als Kapsel) Saft	folgt dem Einnahmeschema des zu boostenden Proteaseinhibitors (s. dort)		

Antiretrovirale Medikamente, die nicht auf der Liste sind:

Hivid® (Zalcitabin), ein NRTI, wurde aufgrund des Nebenwirkungsspektrums (Nervenschäden) nicht mehr eingesetzt und 2006 vom Markt genommen.
Fortovase®, ein Proteaseinhibitor, wurde als ungeboostete Formulierung von Saquinavir seit 2006 nicht mehr verwendet und durch Invirase® ersetzt.
Rescriptor® (Delavirdin), ein NNRTI, ist nur in den USA zugelassen und wird in Deutschland extrem selten eingesetzt (muss dann importiert werden).
Agenerase® (Amprenavir), ein Proteaseinhibitor, wurde durch die Nachfolgersubstanz Telzir® (Fosamprenavir) abgelöst.

Fußnoten

1 **Nebenwirkungen:** Die Liste folgt den in den Europäischen Leitlinien (EACS) benannten relevanten Nebenwirkungen. Enthält keine vollständige Auflistung und verzichtet auf nur kurzfristig nach Therapiestart auftretende Nebenwirkungen (wie z.B. Kopfschmerzen, Schwindel, Übelkeit). **Häufige Nebenwirkungen sind fett**, *seltene aber schwerwiegende Nebenwirkungen kursiv dargestellt.* Die Europäischen Therapieleitlinien werden von der Europäischen AIDS-Gesellschaft (EACS) formuliert. Weitere Informationen: www.europeanaidsclinicalsociety.org

2 **Therapiebeginn:** In den Europäischen Therapieleitlinien als 1. Wahl oder 2. Wahl zum Therapiestart empfohlene Medikamente. Bei Invirase® wird nur die zweimal tägliche Einnahme als 1. Wahl empfohlen, die einmal tägliche Gabe gilt als 2. Wahl. Atripla® ist –obwohl die Einzelsubstanzen als 1. Wahl empfohlen werden- nicht für die ersten Monate nach Therapiestart zugelassen, sondern erst, wenn die Viruslast für 3 Monate unter der Nachweisgrenze liegt.

3 **Lipoathrophie:** Schwund des Unterhaut-Fettgewebes, v.a. im Gesicht, den Armen und den Beinen

4 **Laktatazidose:** Übersäuerung des Blutes mit Milchsäure, ggf. mit Organversagen.

5 **Pankreatitis:** Bauchspeicheldrüsenentzündung

Haftungsausschluss

Die in diesem Dokument angegebenen Inhalte geben den aktuellen Wissensstand wieder. Trotz sorgfältiger Recherchen können Fehler aber nicht ausgeschlossen werden. Die Deutsche AIDS-Hilfe e.V. übernimmt keine Verantwortung und keine daraus folgende oder sonstige Haftung für Schäden, die auf irgendeine Art aus der Nutzung der in diesem Dokument enthaltenen Informationen entstehen. Die Einnahme von Medikamenten sollte grundsätzlich mit dem behandelnden Arzt / der behandelnden Ärztin abgeklärt werden.

Quelle: Deutsche AIDS-Hilfe e.V.: „Antiretrovirale Medikamente"
URL: http://www.hivreport.de/media/de/Liste%20der%20antiretroviralen%20Medikamente.pdf

D HIV/AIDS in Deutschland – Eckdaten

ROBERT KOCH INSTITUT

HIV/AIDS in Deutschland – Eckdaten

Epidemiologische Kurzinformation des Robert Koch-Instituts
Stand: Ende 2009*

Menschen, die Ende 2009 mit HIV/AIDS leben:	**~ 67.000** (64.000 - 70.000)
Männer:	~ 55.000 (52.000 - 57.500)
Frauen:	~ 12.000 (11.700 - 12.500)
darunter Kinder[1]:	~ 200
darunter Menschen, die mit AIDS leben:	~ 11.300
Verteilung nach Infektionsrisiko	
Männer, die Sex mit Männern haben:	~ 41.400 (39.300 – 43.400)
Personen, die sich über heterosexuelle Kontakte infiziert haben:	~ 9.200 (8.700 - 9.700)
Personen aus sog. Hochprävalenzregionen[2]:	~ 7.500
i.v. Drogengebraucher:	~ 8.200 (7.800 - 8.700)
Hämophile und Bluttransfusionsempfänger[3]:	~ 500
Mutter-Kind-Transmission[4]:	~ 200
Zahl der HIV-Neuinfektionen in Deutschland* im Jahr 2009:	**~ 3.000**
Männer:	~ 2.650
Frauen:	~ 350
darunter Kinder[1]:	~ 25
Infektionswege (geschätzt):	
Männer, die Sex mit Männern haben:	72 %
Heterosexuelle Kontakte:	20 %
i.v. Drogengebrauch:	8 %
Mutter-Kind-Transmission[4]:	<1 %
Neue AIDS-Erkrankungen* im Jahr 2009:	**~ 1.100**
Männer:	~ 900
Frauen:	~ 200
Kinder[1]:	~ 5
Todesfälle bei HIV-Infizierten* im Jahr 2009:	**~ 550**
Gesamtzahl der HIV-Infizierten seit Beginn der Epidemie:	**86.500** (84.000 – 90.000)
Gesamtzahl der AIDS-Erkrankungen* seit Beginn der Epidemie:	**~ 36.500**
Männer:	~ 31.400
Frauen:	~ 5.100
darunter Kinder[1]:	~ 200
Gesamtzahl der Todesfälle bei HIV-Infizierten* seit Beginn der Epidemie:	**~ 28.000**

1) Personen unter 15 Jahren

2) Personen, die aus sog. Hochprävalenzregionen stammen, haben sich überwiegend in ihren Herkunftsländern und dort über heterosexuelle Kontakte mit HIV infiziert. Die Abschätzung der Größe dieser Personengruppe und ihre Aufteilung auf die Bundesländer ist mit der höchsten Unsicherheit behaftet, da zu wenig Angaben darüber verfügbar sind, wie hoch der Anteil der Personen aus dieser Gruppe ist, die nach ihrer HIV-Diagnose dauerhaft in Deutschland bleiben

3) Infektion erfolgte über kontaminierte Blutkonserven und Gerinnungsfaktorenkonzentrate überwiegend in der Zeit vor 1986

4) Kinder, die vor, während oder nach ihrer Geburt die HIV-Infektion über ihre Mutter erworben haben

*** Die vom RKI zusammengestellten Eckdaten zur Abschätzung der Zahl der HIV-Neuinfektionen, AIDS-Erkrankungen und Todesfälle bei HIV-Infizierten sowie der Zahl der in Deutschland lebenden Menschen mit HIV erfolgt in jedem Jahr neu auf der Grundlage aller zur Verfügung stehenden Daten und Informationen und stellen keine automatische Fortschreibung früher publizierter Daten dar. Durch zusätzliche Daten und Informationen sowie durch Anpassung der Methodik können sich die Ergebnisse der Berechnungen von Jahr zu Jahr verändern und liefern jedes Jahr eine aktualisierte Einschätzung des gesamten bisherigen Verlaufs der HIV-Epidemie. Die jeweils angegebenen Zahlenwerte können daher nicht direkt mit früher publizierten Schätzungen verglichen werden. Insbesondere können Veränderungen in den Eckdaten zwischen 2008 und 2009 nicht als Zu- oder Abnahmen interpretiert werden.***

Zur Methodik der Schätzwertermittlung

HIV-Neuinfektionen (HIV-Inzidenz): *Da Infektionszeitpunkt und HIV-Test zeitlich weit auseinander liegen können, erlauben die Meldungen über HIV-Neudiagnosen keinen direkten Rückschluss auf den Infektionszeitpunkt. Zur Schätzung der HIV-Inzidenz werden daher verschiedene Verfahren angewendet. Die Abschätzung der Anzahl der HIV-Neuinfektionen pro Jahr basiert für den Zeitraum 1979-1990 auf einem mathematischen Rückrechnungsmodell, das die Zahl der noch nicht diagnostizierten HIV-Infektionen mit einschließt. Auf Basis der bis 1995 beobachteten AIDS-Fälle und der aus Kohortenstudien bekannten Verteilung der Zeitspanne zwischen HIV-Infektion und AIDS-Erkrankung (Latenzzeit) bei unbehandelten HIV-Infizierten wird die Zahl und Zeitverteilung der HIV-Infektionen zurückgerechnet. Für den Zeitraum nach 1990 ist das Rückrechnungsmodell wegen der nicht abschätzbaren Therapieeffekte und der langen Latenzzeit nicht mehr anwendbar. Ab 1995 (differenzierte Erfassung von HIV-Erstdiagnosen seit 1993, siehe auch Technische Anmerkungen Halbjahresbericht HIV/AIDS) bildet die Zahl der mittels der Laborberichtspflicht gemeldeten HIV-Erstdiagnosen die Basis für die weitere Abschätzung. Basisannahme dafür ist, dass die Zahl der Erstdiagnosen (zeitverzögert) ungefähr die Anzahl der Neuinfektionen reflektiert. Für die Jahre 1991-1994 wird die Zahl der HIV-Infektionen interpoliert. Für die Abschätzung der Zahl der HIV-Neuinfektionen in Deutschland werden dabei die HIV-Erstdiagnosen von Personen mit Herkunft aus Hochprävalenzregionen nicht berücksichtigt, da davon ausgegangen wird, dass die überwiegende Mehrzahl (>80%) dieser Infektionen in den Herkunftsregionen stattgefunden hat. Für die Abschätzung der Gesamtzahl der in Deutschland lebenden HIV-Infizierten und der AIDS- und Todesfälle werden sie mit einem pauschalen Schätzwert berücksichtigt.*

Für den Zeitraum von 1995 bis 2000 wird von den als HIV-Erstdiagnosen ausgewiesenen Meldungen ein aus den Erfahrungen seit Einführung der Kodierung ermittelter Anteil von 20% nicht erkannter Doppelmeldungen abgezogen. Ab 2001(Einführung einer fallbezogenen Verschlüsselung nach § 10 Abs. 2 IfSG) erfolgt wegen des möglichen Abgleichs auf Doppelmeldungen nur noch ein Abzug von 10% von den ausgewiesenen Erstdiagnosen für die wegen fehlender oder fehlerhafter Verschlüsselung nicht erkennbaren Doppelmeldungen.

Unter den Meldungen, bei denen nicht angegeben wird, ob es sich um eine HIV-Erstdiagnose oder eine Wiederholungsuntersuchung handelt, muss ein nicht genau bestimmbarer Anteil als nicht erkennbare HIV-Erstdiagnose angesehen werden. Die Spannbreite dieses Anteils kann nach Einschätzung des RKI zwischen 30% und 60% dieser Meldungen umfassen, wobei Änderungen im Zeitverlauf nicht ausgeschlossen werden können. Für diese Berechnung wird zwischen 1995 und 2004 ein Anteil von 40% und seit 2005 von 50% dieser Meldungen als HIV-Neudiagnose eingestuft (Minimumschätzung/Maximumschätzung ±10%).

HIV-Prävalenz: *In den Bundesland-bezogenen Prävalenzschätzungen wird in diesem Jahr erstmals versucht, Deutschland-interne Wanderungsbewegungen von HIV-Infizierten nach erfolgter HIV-Diagnose zu berücksichtigen. Die Basis hierfür liefern Angaben zur regionalen Aufteilung der in Deutschland verschriebenen antiretroviralen Medikamente. Es muß davon ausgegangen werden, dass insbesondere sozial weniger eingebundene Personen nach einer HIV-Diagnose verstärkt aus ländlichen Regionen in Großstädte ziehen, wo die medizinische Versorgungsstruktur besser ausgebaut ist.*

HIV/AIDS-Todesfälle: *Die Schätzung der Zahl der Todesfälle bei HIV-Infizierten beinhaltet auch die Todesfälle bei HIV-Infizierten, die nicht direkt durch die HIV-Infektion verursacht sind. Basis für die Schätzwertermittlung ist die Todesursachenstatistik der Statistischen Landesämter (StaLA). Um der bekannten Untererfassung von HIV-Todesfällen bei den StaLA Rechnung zu tragen werden diese Ausgangswerte mit einem Korrekturfaktor versehen. Der Korrekturfaktor wird ermittelt, indem die Meldungen an das RKI (für Regionen mit guter Todesfallerfassung im HIV/AIDS-Todesfallregister des RKI) mit denen an die StaLA verglichen werden.*

AIDS-Fälle (AIDS-Inzidenz): *Basis für die Schätzwertermittlung der neu aufgetretenen AIDS-Fälle sind Bundesländer mit einer hohen Vollständigkeit der AIDS-Fallmeldungen. Die Schätzwerte für die übrigen Bundesländer (mit niedrigem Erfassungsgrad) werden proportional ihrem Anteil an den bundesweiten HIV/AIDS-Todesfällen im Verhältnis zu den Ländern mit hoher Vollständigkeit der AIDS-Fall-Erfassung kalkuliert.*

Ergebnisgenauigkeit: *Für die wichtigsten Daten sind Minimum- und Maximumwerte angegeben. Da es sich um gerundete Ergebnisse handelt, können die Summen der Einzelwerte von den dargestellten Gruppensummen geringfügig abweichen.*

Quelle: Robert Koch-Institut (RKI)

E Umfrage

E.1 Fragebogen

Was wissen und denken Sie über HIV/Aids ?

Im Rahmen einer Facharbeit im Fach Biologie führe ich eine anonyme Umfrage zum Thema HIV/Aids durch. Diese dauert ungefähr 10 Minuten. Über Ihre Teilnahme würde ich mich sehr freuen.

Geschlecht

a Männlich b Weiblich

Alter

__________Jahre

Eine Einschätzung vorweg:
Wie gut kennen Sie sich mit dem Thema HIV/Aids aus?

a Sehr gut b Gut c Ein wenig d Gar nicht

TEIL 1: <u>Bitte kreuzen Sie an. Es ist jeweils nur EINE Antwort möglich und richtig !</u>

1. Was ist Aids?

a Eine Geschlechtskrankheit
b Eine Erkrankung der Atemwege
c Eine Schädigung des Immunsystems
d Ein genetischer Defekt

Aids wird durch eine Infektion mit dem Virus HIV ausgelöst.

2. Was bedeutet es, wenn ein Mensch HIV-positiv ist?

a Ein Mensch hat sich mit HIV infiziert (angesteckt).
b Ein Mensch hat sich nicht mit HIV infiziert (angesteckt).

Was wissen und denken Sie über HIV/Aids ? Seite 2

3. Wie kann das Virus übertragen werden?

a Küssen
b Durch ungeschützten Geschlechtsverkehr
c Durch Küssen und ungeschützten Geschlechtsverkehr
d Gemeinsames Benutzen von Gläsern oder Geschirr

4. Wer hat ein Risiko, sich mit HIV zu infizieren?

a Alle Menschen, die ungeschützten Sex haben
b Drogenkonsumenten haben das größte Risiko
c Fast nur homosexuelle Männer
d Alle Menschen mit häufig wechselnden Sexualpartnern

5. Wie kann man sich vor einer Ansteckung mit dem Virus schützen?

a Anti-Baby-Pille
b Impfung
c Kondom
d HIV-Antikörpertest

6. Wie kann man erkennen, dass man sich mit HIV infiziert hat?

a Die Augen schwellen an
b Ausschlag im Intimbereich
c Abgeschlagenheit und Müdigkeit
d Man kann eine Infektion mit dem bloßen Auge nicht erkennen; lediglich ein HIV-Test gibt Auskunft

7. Gibt es Behandlungsmöglichkeiten bei einer HIV-Infektion?

a Eine HIV-Infektion bzw. Aids kann medikamentös geheilt werden.
b Eine HIV-Infektion kann nicht behandelt werden und führt immer zum tödlichen Krankheitsstadium Aids.
c Eine erfolgreiche lebenslange Medikamenteneinnahme kann das Krankheitsstadium Aids verhindern.
d Die Symtome einer HIV-Infektion können behandelt werden, aber es ist nicht möglich das Krankheitsstadium Aids aufzuhalten.

Was wissen und denken Sie über HIV/Aids ? Seite 3

TEIL 2: Kreuzen Sie jeweils EINE Aussage an, die Ihrer Meinung nach am besten zutrifft !

8. In meinem Umfeld . . .

- a ☐ . . . wird viel über das Thema HIV/Aids gesprochen.
- b ☐ . . . findet das Thema HIV/Aids keinerlei Anklang.
- c ☐ . . . wird das Thema HIV/Aids gelegentlich angesprochen.

---

9. In der Öffentlichkeit . .

- a ☐ . . . sollte mehr über das Thema HIV/Aids berichtet werden.
- b ☐ . . . wird im angemessenen Rahmen über das Thema HIV/Aids berichtet.
- c ☐ . . . wird zu viel über das Thema HIV/Aids berichtet.

---

10. Welche Bedeutung hat HIV/Aids für Ihr Leben?

- a ☐ HIV/Aids ist für mich kein Thema, weil ich zu keiner der hauptsächlich betroffenen Gruppen gehöre oder weil ich wenig (oder keinen) Sex habe.
- b ☐ Ich lebe in einer festen und monogamen Partnerschaft. Deshalb brauche ich mich beim Sex nicht zu schützen.
- c ☐ Ich habe Angst mich mit dem Thema zu befassen und spreche auch meine Sexpartner/innen meist nicht darauf an.
- d ☐ Ich achte auf meine Gesundheit und verwende beim Sex Kondome. Zu Beginn einer Partnerschaft spreche ich über die Themen Schutz und HIV-Test.

---

11. Stellen Sie sich vor, ein/e Freund/in von Ihnen hätte sich mit HIV infiziert.

- a ☐ Mich würde das keineswegs stören. Ich würde mit ihm/ihr so umgehen wie immer.
- b ☐ Anders als vorher hätte ich jetzt Angst vor körperlichen Kontakten (z.B. Umarmungen) und würde lieber Abstand halten.
- c ☐ Ich würde mit ihm/ihr darüber sprechen und ihn/sie so gut unterstützen, wie ich kann.
- d ☐ Ich hätte Angst, dass seine/ihre Infektion bekannt wird und würde mich in seiner/ihrer Begleitung unwohl fühlen.

Was wissen und denken Sie über HIV/Aids ? Seite 4

12. Wenn sich mein/e Lebenspartner/in mit HIV infiziert hätte, . . .

- a ☐ . . . wäre das für mich ein Trennungsgrund.
- b ☐ . . . würde ich ihm/ihr beistehen und so gut es geht unterstützen.
- c ☐ . . . wüsste ich noch nicht, ob ich die Partnerschaft weiterführen könnte.
- d ☐ . . . würde ich mich verpflichtet fühlen, bei ihm/ihr zu bleiben.

Stellen Sie sich folgende Situation vor:

Sie haben sich auf HIV testen lassen und erfahren nun, dass Sie HIV-infiziert sind.

13. Wem würden Sie sich als Erstes anvertrauen?

- a ☐ Ich hätte Angst mich jemanden aus meinem privaten Umfeld anzuvertrauen und ich hätte auch Schwierigkeiten mir professionelle Hilfe zu holen.
- b ☐ Ich würde zuallererst mit einer oder mehreren Person(en) meiner Familie oder meines Freundeskreises darüber reden.
- c ☐ Ich würde mich zuerst an eine professionelle Beratungsstelle wenden.
- d ☐ Ich würde als Erstes einen Termin bei einem Arzt / einer Ärztin machen.

---

14. Eine Person, die außerhalb ihres privaten Umfelds über ihre HIV-Infektion spricht, . . .

- a ☐ . . . wird meist unterschwellig benachteiligt.
- b ☐ . . . wird häufig offen ausgegrenzt.
- c ☐ . . . erhält oftmals Akzeptanz und Unterstützung.
- d ☐ . . . wird größtenteils behandelt wie vorher auch.

Vielen Dank für Ihr Interesse und die Unterstützung meiner Facharbeit !

Diese Umfrage wurde erstellt von:

Jan-Christoph Koch

Fachliche Beratung und Unterstützung:
- Gesundheitsamt für die Stadt und den Landkreis Göttingen, AIDS-Beratungsstelle
- Göttinger AIDS-Hilfe e.V.

Hilfsmittel: Diese Umfrage wurde mit Hilfe von „grafstat4" erstellt.

E.2 Lösungen der Fragen aus Teil 1

Was wissen und denken Sie über HIV/Aids ?

LÖSUNG

Geschlecht

a ✓ Männlich b ✓ Weiblich

Alter

___✓___Jahre

Eine Einschätzung vorweg:
Wie gut kennen Sie sich mit dem Thema HIV/Aids aus?

a ✓ Sehr gut b ✓ Gut c ✓ Ein wenig d ✓ Gar nicht

TEIL 1: Bitte kreuzen Sie an. Es ist jeweils nur EINE Antwort möglich und richtig !

1. Was ist Aids?

a ☐ Eine Geschlechtskrankheit
b ☐ Eine Erkrankung der Atemwege
c ✓ Eine Schädigung des Immunsystems
d ☐ Ein genetischer Defekt

Aids wird durch eine Infektion mit dem Virus HIV ausgelöst.

2. Was bedeutet es, wenn ein Mensch HIV-positiv ist?

a ✓ Ein Mensch hat sich mit HIV infiziert (angesteckt).
b ☐ Ein Mensch hat sich nicht mit HIV infiziert (angesteckt).

3. Wie kann das Virus übertragen werden?

a ☐ Küssen
b ✓ Durch ungeschützten Geschlechtsverkehr
c ☐ Durch Küssen und ungeschützten Geschlechtsverkehr
d ☐ Gemeinsames Benutzen von Gläsern oder Geschirr

4. Wer hat ein Risiko, sich mit HIV zu infizieren?

a ✓ Alle Menschen, die ungeschützten Sex haben
b ☐ Drogenkonsumenten haben das größte Risiko
c ☐ Fast nur homosexuelle Männer
d ☐ Alle Menschen mit häufig wechselnden Sexualpartnern

5. Wie kann man sich vor einer Ansteckung mit dem Virus schützen?

a ☐ Anti-Baby-Pille
b ☐ Impfung
c ✓ Kondom
d ☐ HIV-Antikörpertest

6. Wie kann man erkennen, dass man sich mit HIV infiziert hat?

a ☐ Die Augen schwellen an
b ☐ Ausschlag im Intimbereich
c ☐ Abgeschlagenheit und Müdigkeit
d ✓ Man kann eine Infektion mit dem bloßen Auge nicht erkennen; lediglich ein HIV-Test gibt Auskunft

7. Gibt es Behandlungsmöglichkeiten bei einer HIV-Infektion?

a ☐ Eine HIV-Infektion bzw. Aids kann medikamentös geheilt werden.
b ☐ Eine HIV-Infektion kann nicht behandelt werden und führt immer zum tödlichen Krankheitsstadium Aids.
c ✓ Eine erfolgreiche lebenslange Medikamenteneinnahme kann das Krankheitsstadium Aids verhindern.
d ☐ Die Symtome einer HIV-Infektion können behandelt werden, aber es ist nicht möglich das Krankheitsstadium Aids aufzuhalten.

E.3 Grafische Auswertung

E.3.1 Allgemein

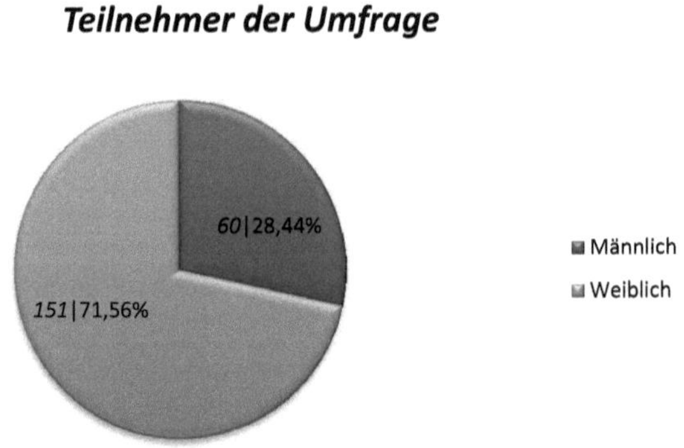

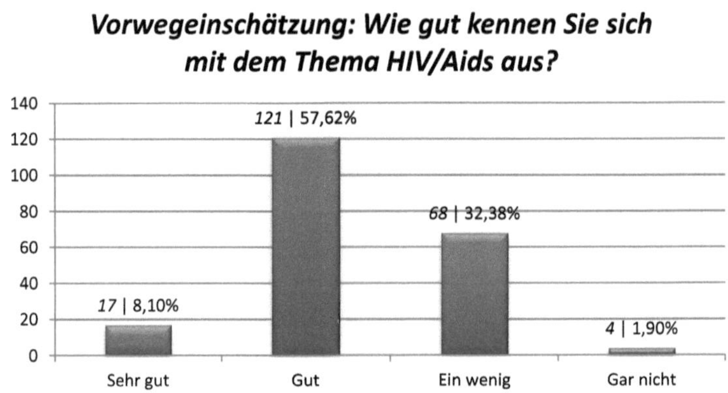

Teil 1 (Wissen) – die richtige Antwort ist jeweils durch einen grünen Balken markiert

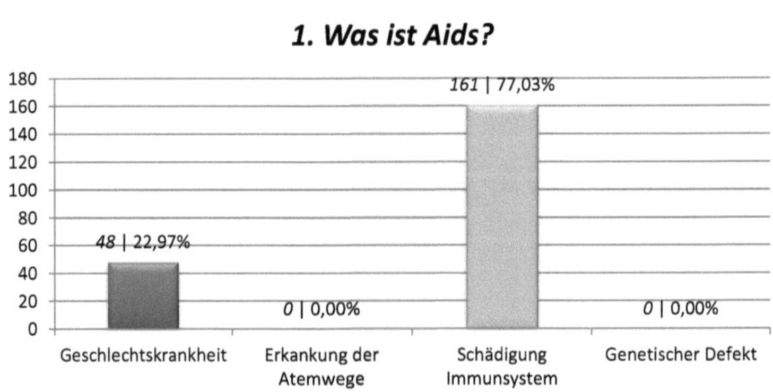

2. Was bedeutet es, wenn ein Mensch HIV-positiv ist?

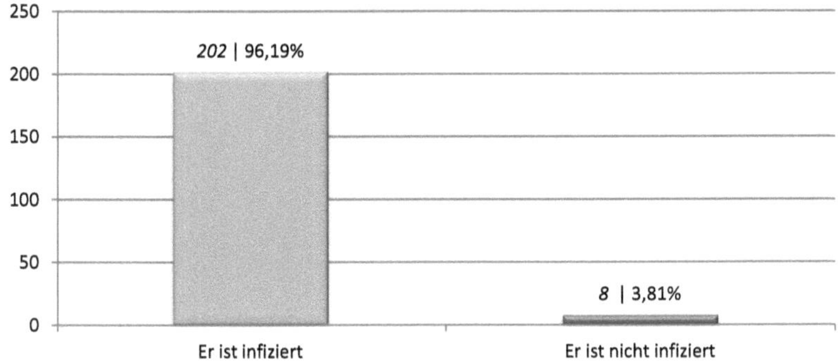

3. Wie kann das Virus übertragen werden?

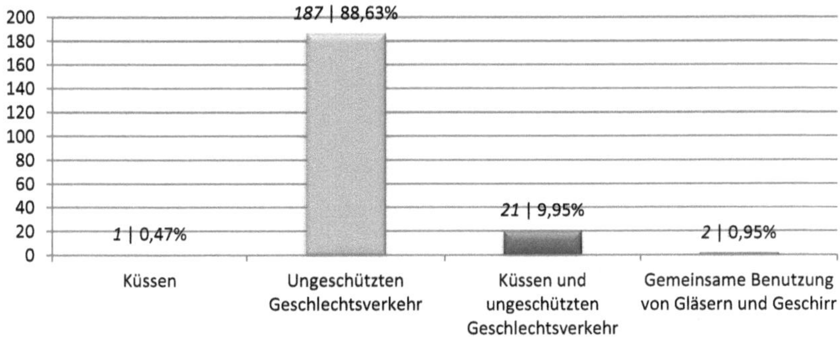

4. Wer hat ein Risiko, sich mit HIV zu infizieren?

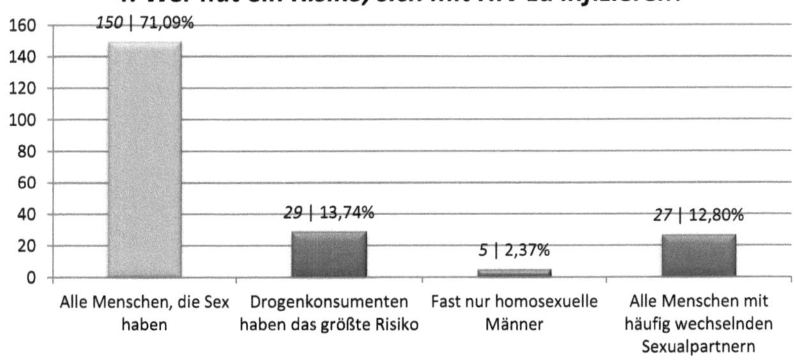

5. Wie kann man sich vor einer Ansteckung schützen?

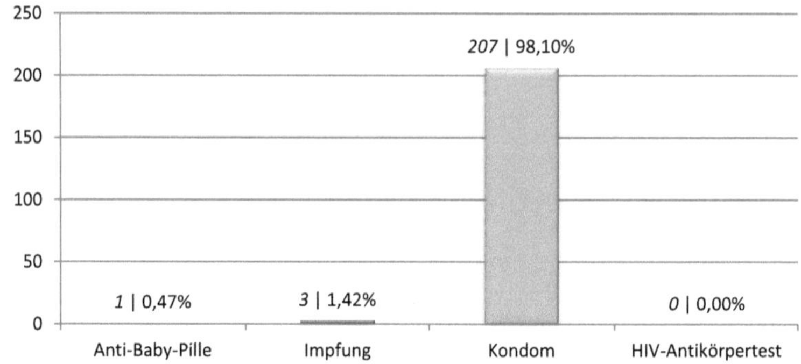

6. Wie kann man erkennen, dass man sich mit HIV infiziert hat?

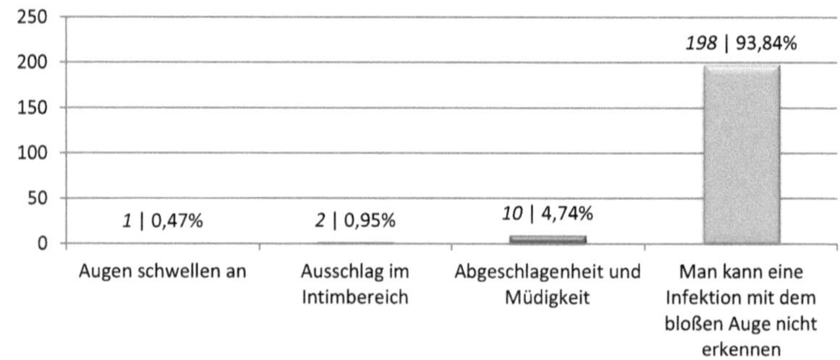

7. Gibt es Behandlungsmöglichkeiten bei einer HIV-Infektion?

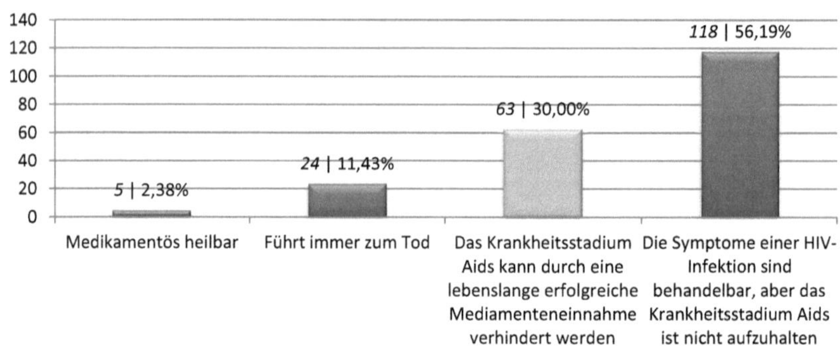

Teil 2 (Meinung, Akzeptanz und Umgang)

8. In meinem Umfeld . . .

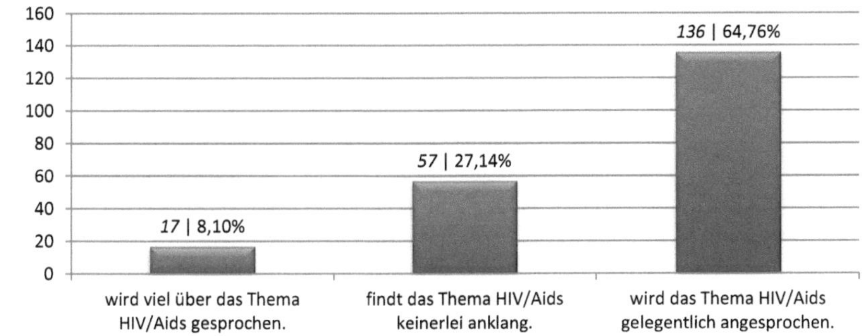

9. In der Öffentlichkeit . . .

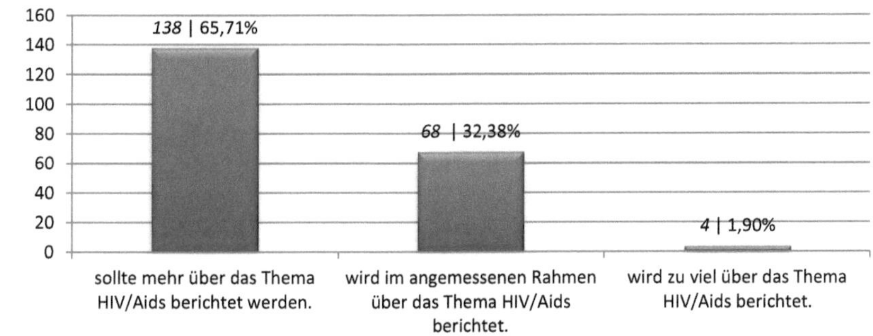

10. Welche Bedeutung hat HIV/Aids für ihr Leben?

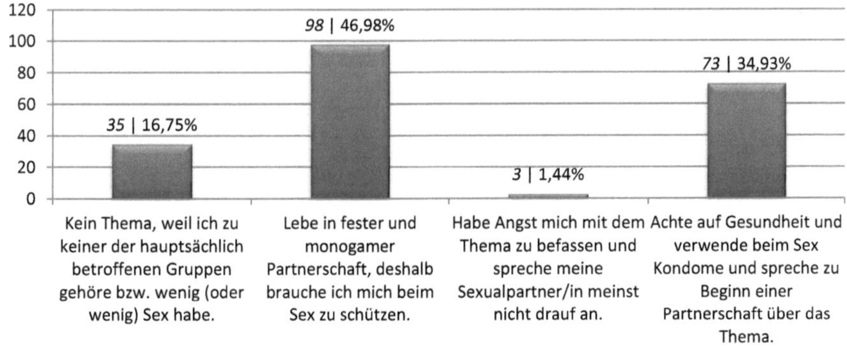

11. Stellen Sie sich vor, ein/e Freund/in von Ihnen hätte sich mit HIV infiziert.

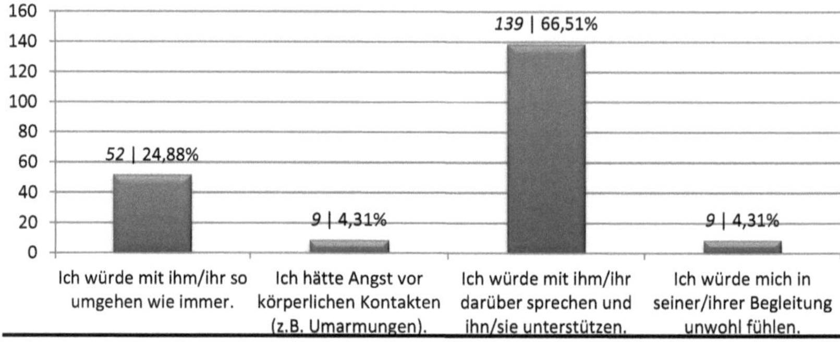

12. Wenn sich mein/e Lebenspartner/in mit HIV infiziert hätte, . . .

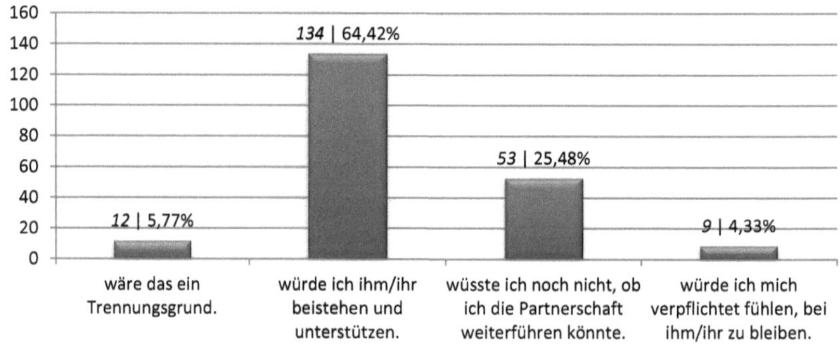

13. Sie haben gerade erfahren, dass Sie HIV-positiv sind. Wem würden sie sich als erstes anvertrauen?

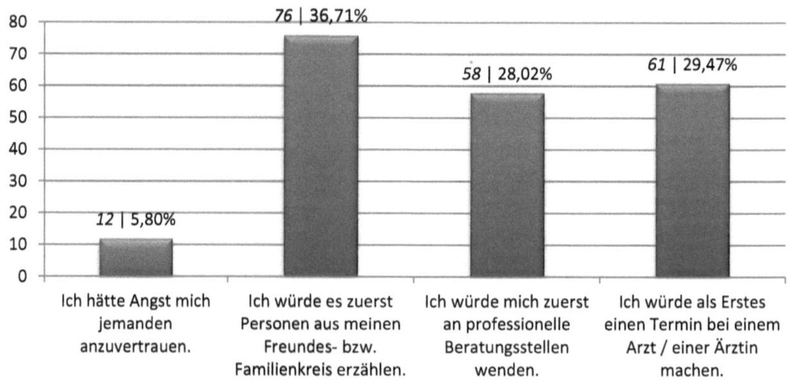

14. Eine Person, die außerhalb ihres privaten Umfelds über ihre HIV-Infektion spricht, . . .

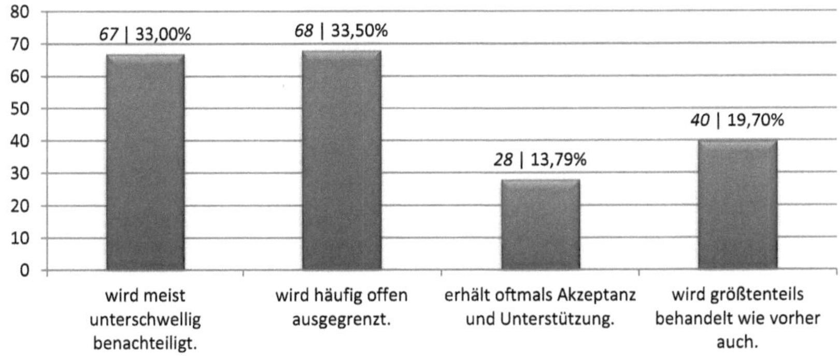

E.3.2 Altersspezifisch

	unter 30 Jahre	31 – 59 Jahre	über 60 Jahre
Anteil der Befragten davon weiblich: davon männlich:	29,5 % 75,8 % 24,2 %	56,2 % 72,0 % 28,0 %	14,3 % 60,0 % 40,0 %
Vorwegeinschätzung: *Wie gut kennen Sie sich mit dem Thema HIV/Aids aus?*	72,6 % als gut bzw. sehr gut	66,7 % als gut bzw. sehr gut	46,7 % als gut bzw. sehr gut
Alle Fragen aus Teil 1 richtig beantwortet	16,1 %	22,0 %	10,0 %
Teil 1 (Wissen)			
1. Was ist AIDS? *(Schädigung Immunsystem)*	75,8 %	79,5 %	69,0 %
2. Was bedeutet HIV-positiv? *(mit HIV angesteckt)*	95,2 %	98,3 %	90,0 %
3. Wie kann Virus übertragen werden? *(ungeschützter Geschlechtsverkehr)*	95,2 %	86,4 %	83,3 %
4. Wer hat ein Risiko sich zu infizieren? *(Alle die ungeschützten Sex haben)*	80,7 %	70,3 %	53,3 %
5. Wie vor Ansteckung schützen? *(Kondom)*	96,8 %	98,3 %	100 %
6. Wie erkennbar, wenn mit HIV infiziert? *(nur HIV-Test gibt Auskunft)*	98,4 %	93,2 %	86,7 %
7. Behandlungsmöglichkeit bei HIV *(lebenslange Medikamenteneinnahme kann Stadium Aids verhindern)*	27,9 %	33,0 %	23,3 %

Legende: Wert ist höher als der allgemeine Durchschnittswert | Wert ist geringer als der allgemeine Durchschnittswert

Teil 2 (Meinung, Akzeptanz, Umgang)

8. In meinem Umfeld . . .

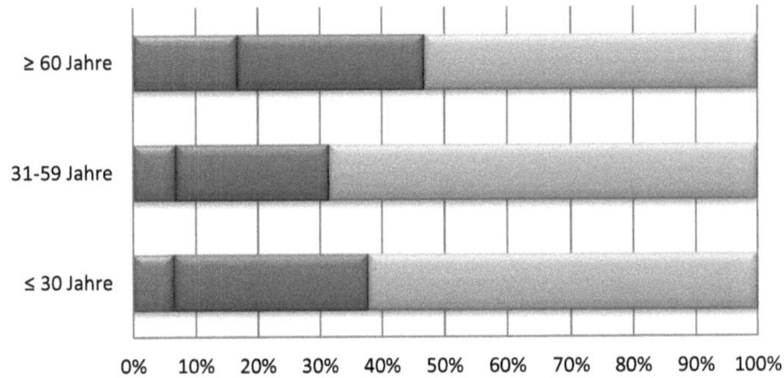

	≤ 30 Jahre	31-59 Jahre	≥ 60 Jahre
a) wird viel über HIV gesprochen.	6,50%	6,80%	16,70%
b) wird gar nicht über HIV gesprochen.	31,20%	24,60%	30,00%
c) wird gelegentlich über HIV gesprochen.	62,30%	68,60%	53,30%

---

9. In der Öffentlichkeit . . .

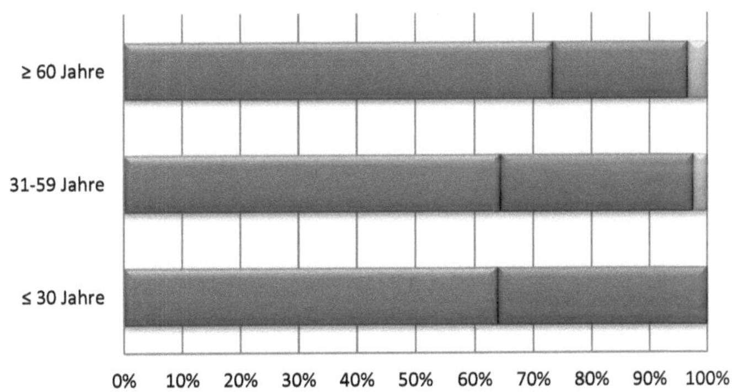

	≤ 30 Jahre	31-59 Jahre	≥ 60 Jahre
a) sollte mehr über HIV berichtet werden.	63,90%	64,40%	73,30%
b) wird angemessen über das Thema berichtet.	36,10%	33,10%	23,30%
c) wird zu viel über HIV berichtet.	0,00%	2,50%	3,40%

10. Welche Bedeutung hat HIV/Aids für Ihr Leben?

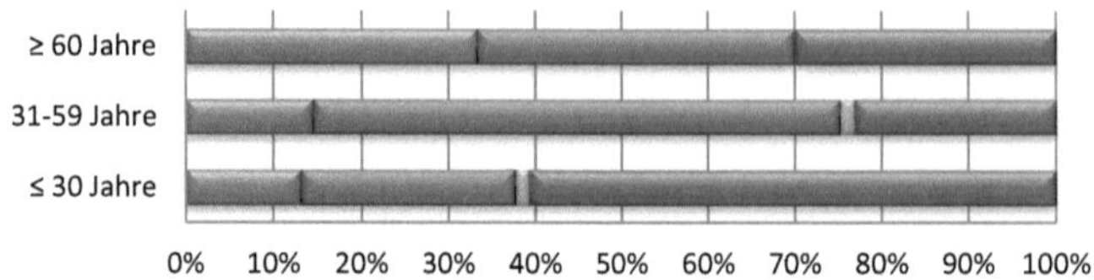

	≤ 30 Jahre	31-59 Jahre	≥ 60 Jahre
a) Kein Thema, weil ich zu keiner Risikogruppe gehöre bzw. wenig oder keinen Sex habe.	13,10%	14,50%	33,30%
b) Ich lebe in einer festen und monogamen Partnerschaft und brauche mich deshalb nicht schützen.	24,60%	60,70%	36,70%
c) Ich habe Angst mich mit dem Thema zu befassen.	1,60%	1,70%	0,00%
d) Ich verwende beim Sex Kondome und spreche zu Beginn einer Partnerschaft über das HIV/Aids.	60,70%	23,10%	30,00%

---

11. Stellen Sie sich vor, ein/e Freund/in von Ihnen hätte sich mit HIV infiziert.

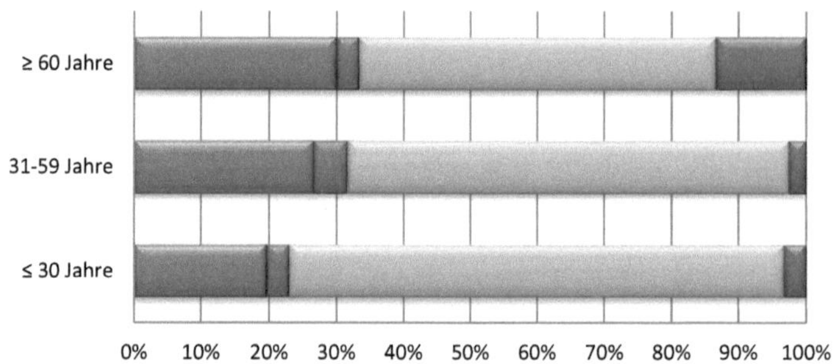

	≤ 30 Jahre	31-59 Jahre	≥ 60 Jahre
a) Ich würde mit ihm/ihr so umgehen wie immer.	19,60%	26,50%	30,00%
b) Ich habe Angst vor körperlichen Kontakten (z.B. Umarmungen).	3,30%	5,10%	3,30%
c) Ich würde mit ihm/ihr darüber sprechen und ihn/sie unterstützen.	73,80%	65,80%	53,40%
d) Ich würde mich in seiner/ihrer Begleitung unwohl fühlen.	3,30%	2,60%	13,30%

12. Wenn sich mein/e Lebenspartner/in mit HIV infiziert hätte, . . .

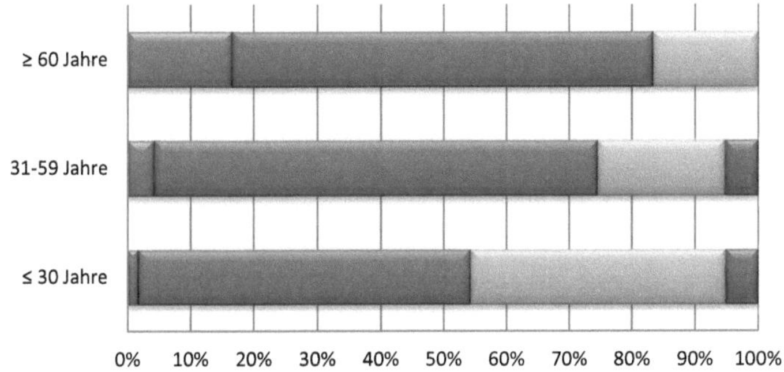

	≤ 30 Jahre	31-59 Jahre	≥ 60 Jahre
a) wäre das für mich ein Trennungsgrund.	1,70%	4,20%	16,60%
b) würde ich ihm/ihr beistehen und so gut es geht unterstützen.	52,50%	70,30%	66,70%
c) wüsste ich noch nicht, ob ich die Partnerschaft weiterführen könnte.	40,70%	20,30%	16,70%
d) würde ich mit verpflichtet fühlen bei ihm/ihr zu bleiben.	5,10%	5,20%	0,00%

---

13. Sie haben gerade erfahren, dass Sie HIV-positiv sind. Wem würden Sie sich als erstes anvertrauen?

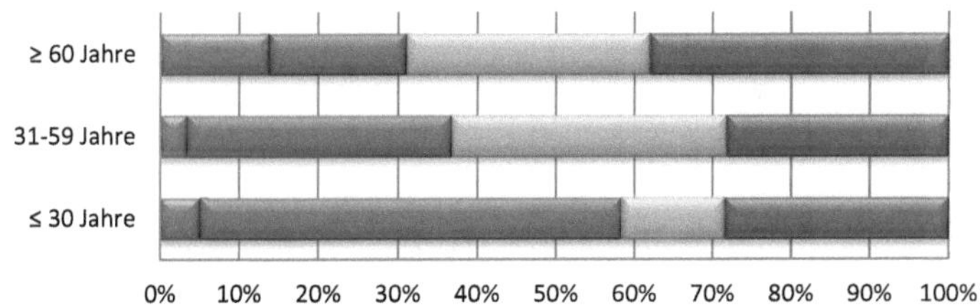

	≤ 30 Jahre	31-59 Jahre	≥ 60 Jahre
a) Ich hätte Angst mich jemandem anzuvertrauen.	5,00%	3,40%	13,80%
b) Ich würde es zuerst Personen aus meinem Freundes- bzw. Familienkreis erzählen.	53,30%	33,30%	17,20%
c) Ich würde mich zuerst an eine professionelle Beratungsstelle wenden.	13,30%	35,10%	31,00%
d) Ich würde als Erstes einen Termin bei einem Arzt / einer Ärztin machen.	28,40%	28,20%	38,00%

14. Eine Person, die außerhalb ihres privaten Umfelds über ihre HIV-Infektion spricht, . . .

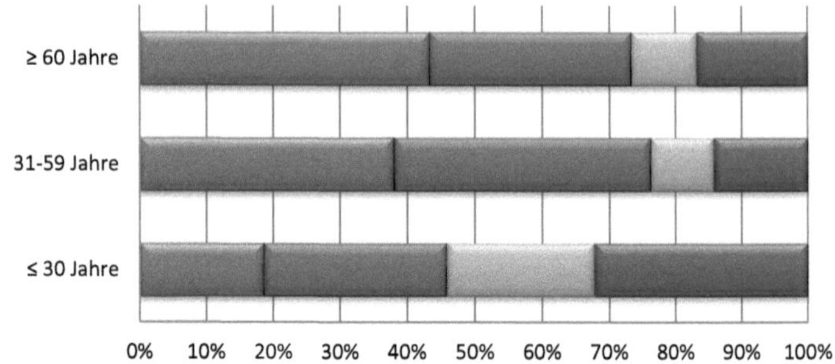

	≤ 30 Jahre	31-59 Jahre	≥ 60 Jahre
a) wird meist unterschwellig benachteiligt.	18,60%	38,10%	43,30%
b) wird häufig offen ausgegrenzt.	27,20%	38,10%	30,00%
c) erhält oftmals Akzeptant und Unterstützung.	22,00%	9,70%	10,00%
d) wird größtenteils behandelt wie vorher.	32,20%	14,10%	16,70%

F Verschiedenes

F.1 Bilder

Ausstellerausweis Gesundheitsmesse Göttinger Gesundheit

Gesundheitsmesse Göttinger Gesundheit (Stand Gesundheitsamt Göttingen)

Urne für die ausgefüllten Fragebögen